职业教育课程改革创新规划教材·精品课程系列

电工电子常用仪器仪表使用与维护

张　越　陈宏坤　主　编

李传波　瞿玥清　岳　毅　副主编

电子工业出版社

Publishing House of Electronics Industry

北京·BEIJING

内 容 简 介

本书参照《家用电子产品维修工国家职业标准》，从计算机及数码产品生产企业的产品检验、检测及维修的工作实际出发，遵循学习的规律及操作技能形成的特点，采用项目引领学生实践的方法，介绍了直流稳压电源、UPS、万用表、钳形电流表、示波器、信号发生器、数字频率计、晶体管毫伏表、晶体管特性图示仪、逻辑笔等十余种仪表的使用及维护方法，每个项目除涵盖了项目说明、项目要求、项目计划、项目实施、相关知识、实战演练与考核、任务评价外，还增加了提升学生水平的维修技巧一点通和检测技巧小提示。学生通过项目的实施，可以全面地获取所需知识并提高动手能力。

本书可作为中等职业学校电子信息类专业的通用教材，也可作为电子类相关企业人员和工程技术人员的培训教材及中等职业学校电子类实训教师的技术参考书；对于电子爱好者也不失为一本较好的自学读物。

为便于教学，本书配有电子教学参考资料包。

图书在版编目（CIP）数据

电工电子常用仪器仪表使用与维护 / 张越，陈宏坤主编. —北京：电子工业出版社，2014.1
职业教育课程改革创新规划教材. 精品课程系列

ISBN 978-7-121-22185-9

Ⅰ. ①电… Ⅱ. ①张… ②陈… Ⅲ. ①电工仪表—使用方法②电工仪表—维修③电子测量设备—使用方法④电子测量设备—维修 Ⅳ. ①TM930.7

中国版本图书馆 CIP 数据核字（2013）第 304129 号

策划编辑：张　帆
责任编辑：毕军志
印　　刷：北京虎彩文化传播有限公司
装　　订：北京虎彩文化传播有限公司
出版发行：电子工业出版社
　　　　　北京市海淀区万寿路 173 信箱　邮编　100036
开　　本：787×1092　1/16　印张：11.5　字数：294.4 千字
版　　次：2014 年 1 月第 1 版
印　　次：2023 年 8 月第12次印刷
定　　价：26.80 元

凡所购买电子工业出版社图书有缺损问题，请向购买书店调换。若书店售缺，请与本社发行部联系，联系及邮购电话：（010）88254888，88258888。

质量投诉请发邮件至 zlts@phei.com.cn，盗版侵权举报请发邮件至 dbqq@phei.com.cn。

本书咨询联系方式：（010）88254592，bain@phei.com.cn。

前　言

科技的迅猛发展以及人们对生活品质的不断追求，使得计算机及数码产品的市场持续火爆，各种新型产品层出不穷，性能不断提高，功能日趋完善。所有这些在给人们的工作和生活带来极大便利的同时，也对计算机及数码产品的售后服务和维修提出了更高的要求。能够在短时间内掌握电子产品的检验、检测、维修技术，凭借自己的能力顺利上岗，是许多生产企业的技术人员、售后维修人员和想要从事维修工作的初学者的最大愿望。而常用电子仪器仪表的使用及维护，则是从事计算机及数码产品的检测、检验及维修工作的人员的基本技能之一。

为了帮助广大电子产品维修人员迅速学会常用电子仪器仪表的使用及维护方法，以便进一步掌握维修技能实现就业，我们编写了这本教材。教材以从业技能的学习和操作为主线，选择了目前应用广泛、普及率较高的几种电子仪器仪表并进行系统介绍，力求通过项目教学的形式，借助"图解"等表达方式，将维修人员在实际工作中遇到的对常用仪器仪表的使用、维护方面的疑点、难点和关键点直接传达给读者，使读者在最短的时间内达到从业的技能要求。

本书参照《家用电子产品维修工国家职业标准》，从计算机及数码产品生产企业的产品检验、检测及维修的工作实际出发，遵循学习的规律及操作技能形成的特点，采用项目引领学生实践的方法，通过八个项目，分别介绍了直流稳压电源、UPS、万用表、钳形电流表、示波器、信号发生器、数字频率计、晶体管毫伏表、晶体管特性图示仪、逻辑笔等十余种仪表的使用及维护方法。学生通过项目的实施，可以全面地获取所需知识并提高动手能力。

本书在编写时把握"贴近岗位、贴近学生、贴近课堂"的原则，力求通过"项目引领、任务驱动、技能先行、知识跟进"的形式，突出"做中学，做中教"的职业教育特色，教、学、做三位一体。

在编写模式方面，尽可能多地使用图形、实物照片和表格，以便使各个知识点生动地凸显出来，以达到直观简明，使内容更能吸引学生的目的。值得一提的是，本书在编排上考虑到一线教师的教学需求，对每个项目都进行了细化，为教师的实际教学提供了方便。希望最终能够达到老师教起来轻松，学生学起来容易的目的。

本书由石家庄市第二职业中专张越和陈宏坤担任主编，李传波、瞿玥清、岳毅担任副主编。参与编写的还有石家庄市第二职业中专的史少飞、兰丽娜。

建议学时分配表

项 目 名 称	教 学 内 容	建 议 学 时
项目一　稳压电源的使用与维护	任务 1　直流稳压电源的正确使用与维护	2
	任务 2　UPS 的安装、调试与使用	2
项目二　万用表及钳形电流表的使用与维护	任务 1　指针式万用表的正确使用与维护	2
	任务 2　数字式万用表的正确使用与维护	2
	任务 3　钳形电流表的正确使用与维护	2
项目三　示波器的使用与维护	任务 1　认识模拟示波器	2
	任务 2　示波器的正确调整和使用方法	4
项目四　信号发生器的使用与维护	任务 1　函数信号发生器的正确使用与维护	4
	任务 2　脉冲信号发生器的使用与维护	
项目五　数字频率计的使用与维护	任务　数字频率计的正确使用与维护	2
项目六　晶体管毫伏表的使用与维护	任务　晶体管毫伏表的正确使用与维护	2
项目七　晶体管特性图示仪的使用与维护	任务 1　认识晶体管特性图示仪	2
	任务 2　晶体管特性图示仪的基本操作	2
	任务 3　用晶体管特性图示仪测量半导体器件的特性	2
项目八　逻辑笔的使用与维护	任务　逻辑笔的正确使用与维护	2
项目九　综合实训	实训任务 1　移相电路的测试	4
	实训任务 2　单级共射放大电路的测试	
总学时数	36	

目　录

项目一　稳压电源的使用与维护 ·· 1

    任务 1　直流稳压电源的正确使用与维护 ·· 2

    任务 2　UPS 的安装、调试与使用 ·· 12

项目二　万用表及钳形电流表的使用与维护 ·· 27

    任务 1　指针式万用表的正确使用与维护 ·· 28

    任务 2　数字式万用表的正确使用与维护 ·· 38

    任务 3　钳形电流表的正确使用与维护 ··· 47

项目三　示波器的使用与维护 ··· 53

    任务 1　认识模拟示波器 ··· 54

    任务 2　示波器的正确调整和使用方法 ··· 71

项目四　信号发生器的使用与维护 ··· 81

    任务 1　函数信号发生器的正确使用与维护 ··· 82

    任务 2　脉冲信号发生器的使用与维护 ··· 94

项目五　数字频率计的使用与维护 ··· 102

    任务　数字频率计的正确使用与维护 ·· 103

项目六　晶体管毫伏表的使用与维护 ·· 114

    任务　晶体管毫伏表的正确使用与维护 ··· 115

项目七　晶体管特性图示仪的使用与维护 ………………………………………… 126

　　任务 1　认识晶体管特性图示仪 ……………………………………………… 127

　　任务 2　晶体管特性图示仪的基本操作 ……………………………………… 138

　　任务 3　用晶体管特性图示仪测量半导体器件的特性 …………………… 143

项目八　逻辑笔的使用与维护 …………………………………………………… 155

　　任务　逻辑笔的正确使用与维护 …………………………………………… 156

项目九　综合实训 ………………………………………………………………… 162

　　实训任务 1　移相电路的测试 ………………………………………………… 168

　　实训任务 2　单级共射放大电路的测试 …………………………………… 170

稳压电源的使用与维护 ○ ○ ○

项目说明

　　稳压电源是能为负载提供稳定的交流电源或直流电源的电能供给设备。按照输出的电源类型可分为交流稳压电源和直流稳压电源两大类。稳压电源是电子产品测量和检修工作中常用的仪器之一，能够为电路提供稳定的直流或交流电压和电流。

　　在本项目中，通过对两种典型的稳压电源（直流稳压电源、UPS）的使用及维护方法的介绍，使操作人员能够熟练掌握稳压电源的操作与维护要领，利用其为测量和检修电路提供有效的帮助。

项目要求

　　（1）了解直流稳压电源的基本功能，熟练掌握稳压电源的使用方法。

　　（2）能够按照要求运用直流稳压电源为测量或检修电路提供所需要的电能。

　　（3）了解直流稳压电源的使用注意事项及维护知识。

　　（4）了解 UPS 的分类、主要性能和技术指标。

　　（5）知道 UPS 供电系统的配置形式。

　　（6）掌握 UPS 的基本操作和 UPS 日常维护方法。

项目计划

　　时间：4 课时。

　　地点：电子工艺实训室，机房或其他使用 UPS 的场所。

项目实施

　　（1）课前搜集稳压电源的相关资料，尽可能多地了解稳压电源的用途、性能等（分组进行）。

　　（2）对照稳压电源的使用说明对稳压电源的使用方法等进行探究，并将探究结果进行组间交流；教师就学生在交流过程中发现的问题给予适时的指导、点评。

任务 1　直流稳压电源的正确使用与维护

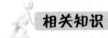
工作任务

（1）利用直流稳压电源获得负载需要的直流电压和电流。
（2）对直流稳压电源进行内校。

相关知识

一、使用稳压电源的必要性

随着现代社会的飞速前进，用电设备的种类、数量与日俱增，对用电质量的要求日渐提高。但电力输配设施的老化和发展滞后、设计不良以及供电不足等原因，造成供电系统末端用户电压过低，而线头用户电压则经常偏高。对于用电设备特别是对电压要求严格的高新科技和精密设备而言，不稳定的电压会给设备造成致命伤害或误动作，进而影响生产，造成交货期延误、质量不稳定等多方面损失。此外，不稳定的电压还会加速设备的老化、影响使用寿命甚至烧毁配件，使用户面临需要维修的困扰或短期内就要更新设备的麻烦，造成资源的浪费；严重者甚至发生安全事故，产生不可估量的损失。

稳压电源具有稳定电压的功能，能够在电网电压出现瞬间波动时，以 10～30ms 的响应速度对电压幅值进行补偿，使其稳定在±2%以内。除了最基本的稳定电压功能以外，稳压电源还应具有过压保护（超过输出电压的+10%）、欠压保护（低于输出电压的-10%）、缺相保护、短路过载保护等保护功能。因此，对于用电设备而言，稳压电源如同一道时刻保障其用电安全的屏障，是非常必要的。

二、稳压电源的分类

稳压电源的分类方法很多，按输出电源的类型分为直流稳压电源和交流稳压电源；按稳压电路与负载的连接方式分为串联型稳压电源和并联型稳压电源；按调整管的工作状态分为线性稳压电源和开关稳压电源；按电路类型分为简单稳压电源和反馈型稳压电源，等等。图 1-1-1 就是根据上面的分类方法划分的稳压电源种类。

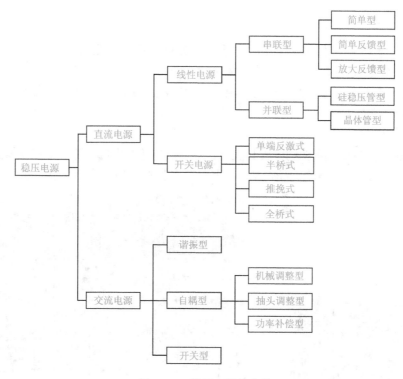

图 1-1-1　稳压电源的分类

三、直流稳压电源

直流稳压电源又称为直流稳压器，它的供电电压大都是交流电压。它是利用降压、整流、滤波、稳压等电路原理进行工作，将交流市电电压转换成稳定的直流电压的一种仪器。当交流供电电源的电压或输出的负载电阻变化时，直流稳压电源的直接输出电压都能保持稳定，是电工、电子设备测量和检修中最常用的仪器之一。直流稳压电源有多个输出量程，可以根据电路的要求提供所需要的电压值，广泛应用于国防、科研、大专院校、实验室、工矿企业、电解、电镀、充电设备等的直流供电。

直流稳压电源根据工作原理、性能等分为很多不同的种类和型号，图 1-1-2 所示是其中较为常用的几种。

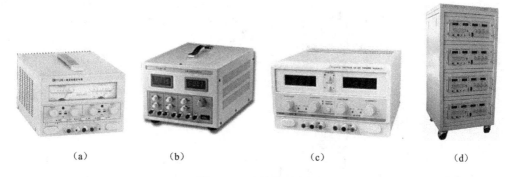

（a）　　　　　　（b）　　　　　　（c）　　　　　　（d）

图 1-1-2　直流稳压电源

1. 认识直流稳压电源

DH1716 型直流稳压电源是一种广泛用于实验室及工业控制等多种场合，具有恒压（CV）、恒流（CC）、自动切换工作模式的中功率单路稳压稳流直流电源。本项目中将以此型号的稳压电源为例，介绍直流稳压电源的使用方法。DH1716 型直流稳压电源的外形如图 1-1-3 所示。

1）前面板功能介绍

DH1716 型直流稳压电源的开关和控制按键、旋钮等绝大部分都集中在仪器的前面板上（如图 1-1-4 所示），有关各个旋钮、按钮、指示灯和接线柱的名称及功能如表 1-1-1 所示。

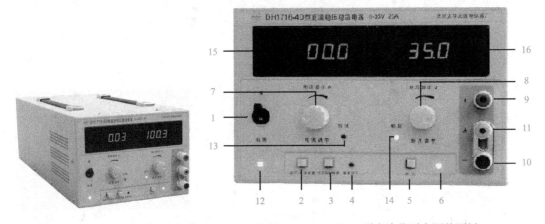

图 1-1-3　DH1716 型直流稳压电源外形　　　　图 1-1-4　DH1716 型直流稳压电源前面板

表 1-1-1　DH1716 型直流稳压电源前面板按键功能

序号	名　称	图　示	功能及操作方法
1	"电源"开关		交流输入电源通/断控制，"电源"开关置"通"时，下侧灯亮
2	"电压/电流预置"显示按钮	电压/电流预置	按住时使电压表、电流表显示预置电压和电流值。输出开关不接通时，不按此按钮电压表也显示预置电压值
3	"过压保护预置"	过压保护预置	不自锁按键，按住时电压表将显示过压保护预置值，当需要调过压保护预置值时，按住按钮并调微调"预置调节"电位器
4	"预置调节"	预置调节	过压保护电压电位器的调节孔。与"过压保护预置"按键配合，对过压保护预置值进行调节
5	"输出"自锁按钮	输出	当按下此按钮时，电源接线端子"+""−"才有电源输出
6	输出指示灯		当按下"输出"按钮时，指示灯亮，表示有电源输出

续表

序号	名　　称	图　　示	功能及操作方法
7	"电流调节"旋钮		改变电流预置值的大小
8	"电压调节"旋钮		改变电压预置值的大小
9	电压输出正端接线柱"+"		接负载正极
10	电压输出负端接线柱"－"		接负载负极
11	接地点（机壳）		可根据不同试验强度自由选择接地
12	电源指示灯		当电源开关接通时，该指示灯即亮
13	"恒流"指示灯		"恒流"指示灯亮时，表示电源处于恒流工作模式
14	"恒压"指示灯		"恒压"指示灯亮时，表示电源处于恒压工作模式
15	"电压显示 V"		可显示输出电压、预置电压和过压保护电压值
16	"电流显示 A"		可显示输出电流、预置电流

2）后面板功能介绍

DH1716 型直流稳压电源的后面板上（如图 1-1-5 所示）也有一些按键、输出端子及插座等部件，其功能有的与前面板上的输出端子一致，有的则是为了实现稳压电源的某些功能而专门设置的。这些按键、输出端子及插座的名称及功能如表 1-1-2 所示。

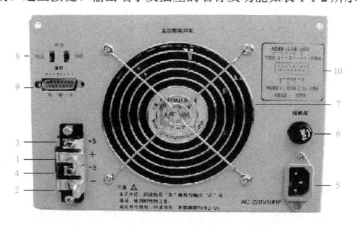

图 1-1-5　DH1716 型直流稳压电源后面板

表 1-1-2 DH1716 型直流稳压电源后面板相关部件的功能

序 号	名 称	图 示	功 能 说 明
1	后面板电源输出正端		+
2	后面板电源输出负端		−
3	正端外取样端子		+S
4	负端外取样端子		−S
5	外接电源插座		AC220V/50Hz
6	熔断器座		内装熔断器管
7	温控智能风机		本电源风机随温度高低自动调节转速
8	本地/遥控		通过本装置可分别选择对本机的输出电压和电流进行前面板操作或通过外部 0~10V 电压实施控制
9	15 针插座		用于外控信号（0~10V）和回读信号（0~10V）的输入与输出连接
10	15 针插座功能说明		

2．直流稳压电源的使用

直流稳压电源有两种工作模式，即恒压模式与恒流模式。因此在使用时，首先应根据实际需求对工作模式进行选择，然后再调整到所需要的预置值（如图 1-1-6 所示）。调节和使用方法如下。

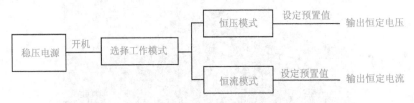

图 1-1-6 稳压电源的使用步骤

1）开机

为了保障仪器的使用安全，在使用前，应首先检查稳压电源的外观以及输入的工作电压是否正常，检查无误后，按表 1-1-3 所示，设定各个控制旋钮或按键。

表 1-1-3 接电前的准备

电源开关	电压调节旋钮	电流调节旋钮	"输出"开关
断开	逆时针旋到头	顺时针调节离开零位置	置"弹出"状态

当所有控制旋钮或按键按照表 1-1-3 设定完毕后，将电源线插入后面板上的外接电源插座，此时仪器输入端接入 220V 市电。

2）稳压电源的恒压工作模式的调节

稳压电源的"恒压"工作模式是指当负载发生变化时，稳压电源的输出电压不会随之发生变化，即输出的电压是恒定的。

恒压工作模式的具体调节方法如下：

（1）将电源开关置于"通"，"恒压"灯亮，调节"电压调节"旋钮（顺时针调节电压调节旋钮，指示值由小变大；逆时针调节，指示值由大变小），显示窗口［电压显示（V）］显示的电压值应相应变化，直至调整到所需的预置值为止。随后，接通"输出"开关，输出指示灯亮，接线柱上有电压输出。调节流程如图 1-1-7 所示。

图 1-1-7 恒压工作模式的调节流程（1）

（2）若需设置过压保护点，则需按住"过压保护预置"按钮，用一字螺丝刀插入"预置调节"孔内（内有电位器）并小心转动，观察"电压显示 V"，调整过压保护值。稳压电源的过压保护点的出厂预置值大于额定电压 5%，应尽量减少调节该电位器的次数，以延长使用寿命。

按住"电压/电流预置"顺时针旋转"电流调节"旋钮到头，"恒流"灯灭。接通"输出"开关，输出指示灯亮，接线柱上有电压输出。调节流程如图 1-1-8 所示。

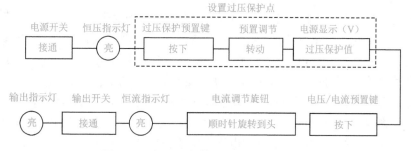

图 1-1-8 恒压工作模式的调节流程（2）

3）稳压电源的恒流工作模式的调节

稳压电源的恒流工作模式是指在负载变化的情况下，稳压电源通过调整输出电压，使得输出电流保持不变。若需以恒流模式工作，则调节"电流调节"旋钮，将预置电流调到所需电流值（电压预置值可调低一些）。随后接通"输出"开关，如果"恒压"灯亮，可顺时针旋转"电压调节"旋钮，直到"恒压"灯灭，"恒流"灯亮，恒压模式即可转入恒流工作模式。调节流程如图 1-1-9 所示。

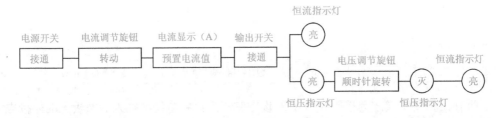

图 1-1-9　恒流工作模式的调节流程

4）两台电源的主从串联使用

在恒压模式下，每台稳压电源的输出电压都是有限的，在实际工作中，有时会遇到实际需要的电压值超出电源的额定输出的情况。此时，可以采用主从串联的方式将两台稳压电源连接起来，从而获得实际需要的电压。

【操作步骤】

（1）指定任意一台稳压电源作为主机，将主机前面板接地片悬浮（不与"+"、"-"接线端子连接），将主机后面板 15 针插座的 15 脚(+)连接到从机后面板 15 针插座的 1 脚(+)；将主机后面板 15 针插座的 14 脚（-）连接到从机后面板 15 针插座的 4 脚（-）；将从机后面板恒压的本地/遥控开关置于"遥控"。

（2）将主机电源输出"-"与从机电源输出"+"相连接，主机电源输出"+"接负载"+"；从机电源输出"-"与负载"-"相连接。将从机电压和电流调节旋钮旋至最大。

（3）分别打开主机和从机电源开关，按"输出"按钮，调节主机"电压调节"旋钮，此时，在负载两端得到的最大电压为主机和从机额定电压之和，在负载两端得到的最大电流受主机和从机中最小电流限制。

5）两台稳压电源的主从并联使用

工作在恒流模式的稳压电源的输出电流也是有限度的。在实际工作中，可以将两台稳压电源采用主从并联的方式连接在一起，获得较大的工作电流。

【操作步骤】

（1）指定任意一台为主机，主机前面板接地片同电源接线柱"+"或者"-"连接与从机前面板接地片同电源接线柱"+"或者"-"连接一致；将主机后面板 15 针插座的 10 脚（+）连接到从机后面板 15 针插座的 7 脚（+）；将主机后面板 15 针插座的 9 脚（-）连接到从机后面板 15 针插座的 5 脚（-）；将从机后面板恒流的本地/遥控开关置于"遥控"。

（2）将主机电源输出"+"与从机电源输出"+"相连接，主机电源输出"-"与从机电源输出"-"相连接，连接线的线径要考虑输出电流的大小。将负载分别与主机或从机的"+""-"接线柱相连接。将从机电压和电流调节旋钮旋至最大。

（3）分别打开主机和从机电源开关，按"输出"按钮，调节主机"电流调节"旋钮，此时，在负载两端得到的最大电流为主机和从机额定电流之和，在负载两端得到的最大电压受主机和从机中最小电压限制。

6）负载两端需要获取精确电压时的连接方法

负载两端需要获取精确电压时的连接方法如图 1-1-10 所示。

（1）断开（+S）和（+）以及（-S）和（-）连接片，用双屏蔽电缆按图 1-1-10 连接，屏蔽电缆屏蔽层与正端连接。

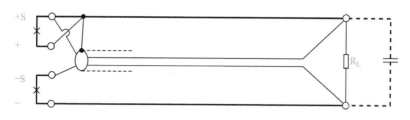

图 1-1-10 负载两端需要获取精确电压时的连接方法

（2）当导线比较长时，负载上应并联一个 100μF 的电容，电容耐压值应大于输出电压并注意极性。

（3）这种方法用于本机与负载相距较远，用长线连接，且必须要在负载两端获得精确电压控制的场合。此种方法也称四线技术。

DH1716 型直流稳压电源是一种理想的直流稳压电源。除了具有上述主从串联、并联等功能外，还具有电压遥控、电压信号回读、电流信号回读、外控通断等功能，在此不一一赘述。

7）关机

先关闭稳压电源下的设备，确认无误后再关闭稳压电源。严禁带负载开/关机。

3. 直流稳压电源使用中的几点说明

（1）直流稳压电源在恒压模式工作时，负载效应的测定应在感应端连接处（后面板与+S、−S 的连接处）。

（2）直流稳压电源的前、后面板输出端均可使用。

（3）本电源前端不宜使用对电网波形造成严重影响的交流稳压装置，如磁饱和式稳压器。

4. 直流稳压电源的保养与维护

1）使用中的注意事项

（1）稳压电源应确保在通风、干燥、无阳光直射、无腐蚀性气体的室内使用。

（2）保护通风口空气流通，安装其他仪器时要远离风口 30cm 以上，电源附近不要放置敏感仪器。

2）直流稳压电源的保养

（1）电源使用一段时间后，应对指示电路进行核准，校准方法可通过外接电压表与电流表与机上指示仪表进行比较（分别为电压及电流指示校准）进而调整。但应注意由于机箱为钢板结构，故盖上箱盖后会引起读数的少量改变，可先观察一下读数变化的范围，在再次开机调整时留出余量来进行校正即可。

（2）应经常检查电源线接线是否松动，内部是否断裂。

（3）检查接线柱是否松动，机箱内外螺钉是否牢固。

（4）清洁机箱面板及机箱盖时，严禁使用有机溶剂或去污剂进行除垢，应使用中性皂液用软质抹布进行清洗后，擦干即可。

（5）仪器应保持清洁，垂直安放。

实战演练与考核

实 训 准 备	
实训目的	1. 了解直流稳压电源的用途。 2. 认识各调节旋钮的作用及输出端引出线的连接方法。 3. 熟悉直流稳压电源前、后面板上各旋钮、按键的调节方法及各接线柱的连接方法。 4. 能够熟练使用直流稳压电源获得所需的电压和电流。 5. 初步了解直流电压和电流的测量
实训器材	直流稳压电源 1 台、数字式万用表 1 块、收音机 1 台（或其他负载）、大功率可调电阻 1 个、连接导线若干
实训内容一　直流稳压电源的使用	
操作步骤	1. 熟悉直流稳压电源面板上各旋钮、按键及接线柱的作用，并将各旋钮置于最小值状态后开启电源。 2. 用直流稳压电源分别调出 0.5V、1V、1.5V、3V、6V、12V 和 24V 直流电压，然后用万用表直流电压挡，适当调节量程，分别测量上述电压（红表笔接正，黑表笔接负），并且将测量数据记录在"实训报告一"中。 3. 根据收音机（或其他负载）的要求，调节出负载正常工作所需要的电压，并用万用表复测核对；然后把输出电压用导线连接至收音机的"+"、"–"极上，开启收音机开关，在收听节目的同时，观察直流稳压电源面板上的电压表和电流表的示数有何变化

实训报告一

班级		姓名（学号）			日期		得分	
直流稳压电源的型号：					万用表的型号：			
稳压电源输出电压	0.5V	1V	1.5V	3V	6V	12V	24V	
万用表测量值								
误差								
误差分析								
收音机正常工作的电压：　　　V，电流：　　　mA								
简述直流稳压电源的使用方法：								

实训内容二　直流稳压电源的校准	
技术要求指标	输出电压指示误差＜±5%；输出电流指示误差＜±5%
操作步骤	1. 外观检查。检查直流稳压电源外观应完好、数显清晰、电压/电流调节旋钮应完好、转动灵活。

续表

操作步骤	2. 电压校准。 （1）将被检直流稳压电源按下图所示接入测量回路。 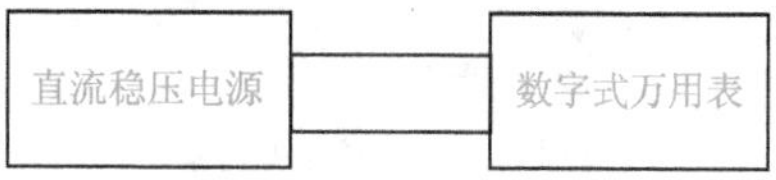 直流稳压电源 ── 数字式万用表 （2）选择量程的 3～5 个检定点。调节直流稳压电源，缓慢地增加电压，使直流稳压电源依次指示每个被选定的电压值。将这些点的指示值（直流稳压电源的读数）和标准值（数字式万用表的读数）记录于"内校记录一"中。 3. 电流校准。 （1）将被检直流稳压电源按下图所示接入测量回路。 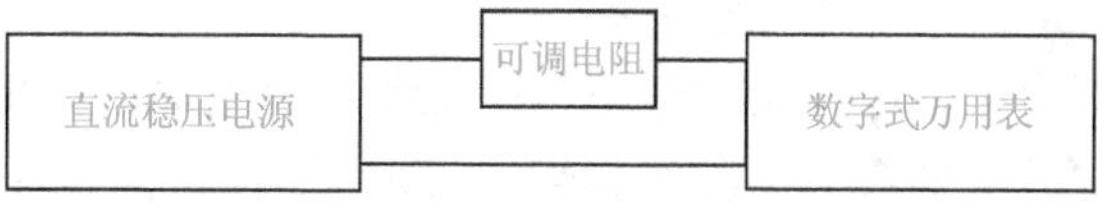 直流稳压电源 ── 可调电阻 ── 数字式万用表 （2）选择量程的 3～5 个检定点，调节可调电阻，缓慢地增加电流，使直流稳压电源上的电流表指针依次指在所选定的检定点，将这些点的指示值（直流稳压电源的读数）和标准值（数字式万用表的读数）记录于"内校记录二"中。 4. 根据标准值与指示值，计算出误差

内校记录一	指示值/V				
	标准值/V				
	误差/（%）				

内校记录二	指示值/A				
	标准值/A				
	误差/（%）				

校准结果的处理	1. 最大基本误差值在±5%以内（含±5%）判合格，超出此范围判定为不合格。 2. 经校准合格的直流稳压电源，发给校准证书，并在机身上加贴校准合格证标识。 3. 不合格的贴上"禁止使用"标识
测试结果	经测试，编号为_____的稳压电源最大基本误差为_____，判定为_____。 测试人签字_____　　　　测试日期_____

任务评价

序　号	考核内容	评分要素	配　分	得　分
1	直流稳压电源的使用	熟悉稳压电源前、后面板旋钮、按键及接线柱的功能、调节和连接方法	10	
		掌握稳压电源开机的正确步骤	10	
		熟练使用稳压电源获得所需电压	20	
		知道如何利用稳压电源为负载提供工作电压	10	

续表

序 号	考核内容	评 分 要 素	配　分	得　分
2	直流稳压电源的校准	熟悉稳压电源的外观检查标准	5	
		初步掌握电压校准的方法	15	
		初步掌握电流校准的方法	15	
		会根据测量结果计算误差并给出结论	15	

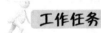

维修技巧一点通

直流稳压电源的一般性故障原因如下。

（1）加不上电，电源指示灯不亮：电源线有毛病；接触不好；输入熔断器断。

（2）电源开关能接通电源，但输出接通时就切断电源：过压保护电压值低于电压输出值，个别调整管击穿。

（3）输出电压为零或很低：机内输出线有松动、脱开。功能端子连接有错，输出二极管损坏。如果输出导线太长，产生高频振荡可并联电容以消除。

（4）"电压调节"电位器、"电流调节"电位器开路。

（5）输出不稳：连线脱开，连线有错误，电源电压超出规定范围，有振荡，特殊负载引起的振荡；有感应电压，或连接不牢靠；附近有强大电磁场，应注意避开。

任务 2　UPS 的安装、调试与使用

工作任务

（1）正确连接 UPS。

（2）对 UPS 进行基本设置、工作模式转换并完成 UPS 日常维护。

相关知识

UPS，是"不间断电源"（Uninterrupted Power Supply）的英文缩写，是一种当正常交流供电中断时，将蓄电池输出的直流电变换成交流电持续供电的电源设备，主要用于给单台计算机、计算机网络系统或其他电力电子设备提供不间断的电力供应。

一、UPS 的作用和分类

1. 使用 UPS 的必要性

在高速发展的信息社会中，众多的公司和政府部门都在建立庞大的电子数据库，从自己经营管理的各个方面收集、存储和处理有关管理、销售、财务及运作的数据和信息。互

联网的兴起和信息化高速公路的提出,激发了更大的信息量的需求。通信、交通、新闻媒体、金融和电力等关系到国计民生的关键性行业对信息系统的依赖与日俱增。另外,随着经济的不断增长,各种高精尖电子和智能化设备的开发和应用越来越广,使得整个国家和社会对于电力供应的数量和质量都提出了更高的要求。

供电系统的稳定性和可靠性直接关系到信息系统的数据存储、信息设备的稳定性和可靠性,离开了稳定可靠的供电系统的支持和保证,整个信息系统的可用性和信息网络系统建立的必要性都要大打折扣。特别是对于银行金融系统、邮电系统、新闻媒体、交通运输、大型企业等重要部门和行业的管理和经营系统而言,如果供电系统出现秒级的断电或波动都会对政府形象、国家和人民的生命财产造成巨大损失和极恶劣的影响。

由于我国的市电网络发电及用电情况比较复杂,设备落后,管理不善,造成我们使用的交流电质量较差,电压波动范围大,从 170V 到 250V(320～450V 三相)大范围变化,电磁波和谐波干扰严重。同时,由于电力紧缺,很多地区停电现象时有发生。这些电源问题会使负载设备断电、损坏、误操作、工作性能变差、软件数据丢失或错误、网络数据传输速率降低、计算机网络不能正常运行等。因此,计算机、程控交换机、数据通信处理系统、航空管理和医用诊断系统等精密仪器对交流供电系统都提出了不间断和可靠性的要求。

UPS,即不间断电源,是一种利用电池化学能作为后备能量、以逆变器(逆变器是一种将直流电转化为交流电的装置)为主要组成部分、恒压恒频的、在市电断电等电网故障发生时,不间断地为用户设备提供(交流)电能的能量转换装置。

2. UPS 的供电方式

UPS 的供电方式有三种,如图 1-2-1 所示,当市电输入正常时,UPS 将市电稳压后供应给负载使用,此时的 UPS 就是一台交流市电稳压器,同时它还向机内储能电池充电;当市电中断(事故停电)时,UPS 立即将机内储能电池的电能,通过逆变转换的方法向负载继续供应 220V 交流电,使负载维持正常工作并保护负载软、硬件不受损坏;当由于生产需要,负载严重过载时,由电网电压经过 UPS 整流,直接给负载供电。UPS 设备通常对电压过高和电压太低都提供保护。

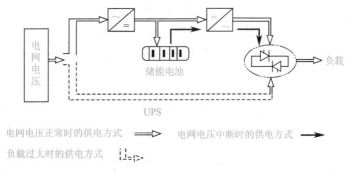

图 1-2-1 UPS 供电方式示意图

3. UPS 的保护作用

(1)停电保护。市电瞬间停电时,立即由 UPS 将电池直流电源转换成交流电继续供电。

(2)电压保护。市电电压过高或过低时,UPS 内建稳压器(AVR)将做适当的调整,使市电的电压保持在可使用的范围。若电压过低或过高，超过可使用范围，UPS 将电池直流电源转换成交流电继续供电，以保护用户设备。

（3）波形失真处理。由于电力经由输配电线路传送至客户端，各种机器设备的使用往往造成市电电压波形的失真，因为波形失真将产生谐波干扰设备且会使电力系统变压器温度升高，一般要求失真率<5%，一般 UPS 设计失真率<3%。

（4）稳压稳频。市电频率分为 50Hz 和 60Hz 两种。发电机运转时受到客户端用电量的突然变化造成转速的变动，将使转换出来的电力频率漂移不定。经 UPS 转换的电力可提供稳定的频率。此外，市电电压易受电力输送线路品质的影响，离变电所较近的用户电压较高，离变电所较远的用户电压较低，电压太高或太低会使用户设备缩短寿命，严重时会烧毁设备。使用在线式 UPS 可提供稳定的电压电源，电压变动不到 2V，可延长设备寿命及保护设备。

（5）抑制噪声。差模噪声产生在火线与中性线之间。共模噪声产生在火线/中性线与地线之间。

（6）突波保护。一般 UPS 会加装突波吸收器或尖端放电设计吸收突波，以保护用户设备。

（7）瞬时响应保护。市电受干扰时有时会造成电压凸出、下陷或瞬间压降，使用在线式 UPS 可提供稳定的电压，使电压变动不到 2V，可延长设备寿命及保护设备。

（8）监控电源。配合 UPS 的智能型通信接口及监控软件可记录市电电压、频率、停电时间及次数来达到电源的监控，并可安排 UPS 定时开关机的时间表来节约能源。

4．UPS 的分类

UPS 按工作原理分成后备式、在线互动式与在线式三大类。

1）后备式 UPS

后备式 UPS 的单机输出功率为 0.25～2kV·A。在市电正常时对市电进行稳压，逆变器不工作，处于等待状态。当市网电压异常时，UPS 会迅速切换到逆变状态，将电池电能逆变为交流电并对负载继续供电，因此后备式 UPS 在转为逆变工作时会有一段转换时间，一般小于 10ms。它具备了自动稳压、断电保护等 UPS 最基础、最重要的功能，虽然有 10ms 左右的转换时间，抗干扰能力较差，但由于其具有结构简单、价格便宜、可靠性高等优点，因此被广泛应用于办公室、家庭等要求不高的终端设备上，如图 1-2-2 所示。

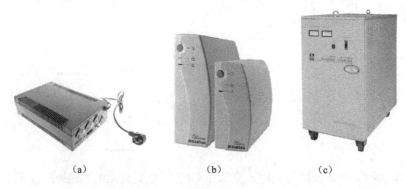

（a）　　　　　　　　　（b）　　　　　　　　　（c）

图 1-2-2　后备式 UPS 外观

2）在线互动式 UPS

在线互动式 UPS 的输出功率为 0.7～20kV·A。在输入市电正常时，电源的逆变器处于反向工作状态给蓄电池充电；在市电发生波动时，电源的逆变器立即投入到逆变工作状态，将电池组电能转换为交流电输出。因此，在线互动式 UPS 也有一定的转换时间。同后备式相比，在线互动式具有滤波功能，抗市电干扰能力很强，转换时间小于 4ms，逆变输出为模拟正弦波，所以能配备服务器、路由器等网络设备，或者用在电力环境较恶劣的地区。在线互动式 UPS 外观如图 1-2-3 所示。

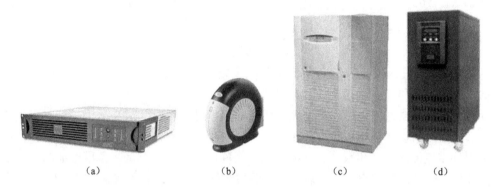

（a）　　　　　（b）　　　　　（c）　　　　　（d）

图 1-2-3　在线互动式 UPS 外观

3）在线式 UPS

在线式 UPS 的输出功率为 0.7～1500kV·A。这种 UPS 在开机后始终处于工作状态。当市电正常时，由 UPS 的充电器向蓄电池充电并将直流电转换为交流电，而不是由市电直接供给设备；当市电发生异常时，UPS 转换到电池供电时没有时间上的中断，即"0"中断。在线式 UPS 结构较复杂，但性能完善，能够持续零中断地输出纯净正弦波交流电，解决尖峰、浪涌、频率漂移等全部的电源问题；由于需要较大的投资，通常应用在关键设备与网络中心等对电力要求苛刻的环境中。在线式 UPS 外观如图 1-2-4 所示。

（a）　　　　　　　　（b）　　　　　　　　（c）

图 1-2-4　在线式 UPS 外观

后备式 UPS、在线互动式 UPS 以及在线式 UPS 在工作原理、输出电源质量、切换时间、配置成本等方面各有不同，表 1-2-1 就是上述三种 UPS 性能的比较。

表 1-2-1　三种 UPS 性能比较

性能 ＼ 种类	在 线 式	在线互动式	后 备 式
市电模式下逆变器状态	工作	热准备	不工作
输出电源质量	最高（不停电、稳压、净化功能）	中等（不停电、近似稳压功能）	低（仅近似稳压功能）
切换时间	0	4ms 左右	5～12ms
功率范围	>1kV·A	0.5～5kV·A	<1kV·A
成本	高	中等	较低

综上所述，按技术性能的优劣来排序的话，其顺序应为在线式 UPS、在线互动式 UPS、后备式 UPS；就价格而言，排序方式正好相反。

此外，电网异常或停电后，根据负载所需的工作时间而定，UPS 分为长延时机型和标准机型。长延时机型（俗称长机）的主机是不带备用电池的，它是根据负载所需的工作时间来配置外带电池的容量和数量。标准机型（俗称标机）的主机是带备用电池的，它在电网异常或停电时通过内置电池给负载供电。备用时间分别为：后备式 3～12min，在线互动式和在线式 7～25min。

二、UPS 的安装

UPS 品牌众多，型号各异，其中山特 C1KS 型 UPS 是一种双转换在线式长效型、单相输入、单相输出的不间断电源设备。该电源具有高效率和高可靠性，体积小巧，适合金融、电信、政府、交通、制造、教育等用户作为基础设备使用。本项目中将以此为例，介绍 UPS 的安装、使用、调试及维护。

1. C1KS 型 UPS 的外观

（1）C1KS 型 UPS 的外观如图 1-2-5 所示。

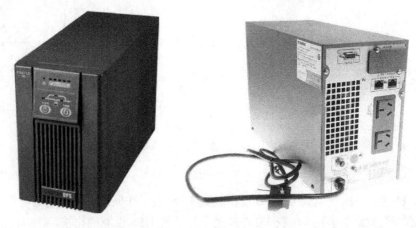

图 1-2-5　C1KS 型 UPS 的外观

（2）C1KS 型 UPS 后盖板接口、插座如图 1-2-6 所示。

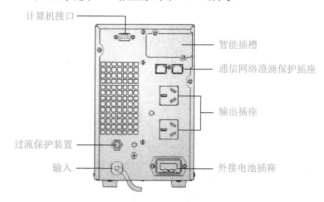

图 1-2-6　C1KS 型 UPS 后盖板

2．UPS 的安装

1）安装注意事项

（1）放置 UPS 的区域需有良好通风，远离水、可燃性气体、腐蚀剂等危险物品，安装环境应符合产品规格要求。

（2）保持 UPS 前面板进风孔、后盖板出风口、箱体侧面出风孔通畅。

（3）机器若在低温下拆装使用，可能会有水滴凝结现象，一定要等到机器内外完全干燥后才可安装使用，否则有电击危险。

（4）将 UPS 放置在市电输入插座附近，任何紧急情况下，立即拔掉市电输入插头、断开电池输入，所有电源插座应连接保护地线。

2）UPS 输入、输出接线

（1）UPS 输入线的接线方式。UPS 输入电源线的连接可使用有过流保护装置的合适插座，注意插座容量，C1KS 为 10A 以上。市电输入线一端已与 UPS 相连，另一端接市电插座即可。具体连接方式如图 1-2-7 所示。

（2）UPS 输出线的接线方式。C1KS 型 UPS 可采用插座输出，将负载电源线插入 UPS 输出插座即可。同时总输出功率不得超过 1kV·A/0.8kW。具体接线如图 1-2-8 所示。

图 1-2-7　UPS 输入线接线方式

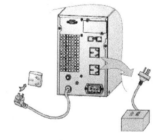

图 1-2-8　UPS 输出线接线方式

3）长效型 UPS 外接电池接线

长效型 UPS 外接电池的连接程序非常重要，若未按照程序进行，可能会有电击危险，所以应严格按照下列步骤进行：

（1）串联电池组确保合适的电池电压，C1KS 为 36V DC。

（2）取出长效型 UPS 附件中的电池连接线，该线一端为插头用以连接 UPS，另一端为开放式的三根线，用以连接电池组。

（3）电池连接线先接电池端（切不可先接 UPS 端，否则会有电击危险），红线接电池正极"+"，黑线接电池负极"−"，黄绿双色线接保护地。

（4）将电池连接线插头插入 UPS 后面板上的外接电池插座，完成 UPS 的连接，如图 1-2-9 所示。

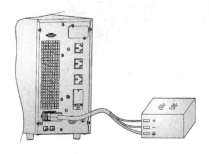

图 1-2-9　长效型 UPS 外接电池接线

4）连接通信线

（1）计算机接口：通过通信电缆连接 UPS 与监控设备，如图 1-2-10 所示。

（2）智能插槽：可选装 AS400 卡、SNMP 卡或 CMC 卡任意一种，如图 1-2-11 所示。

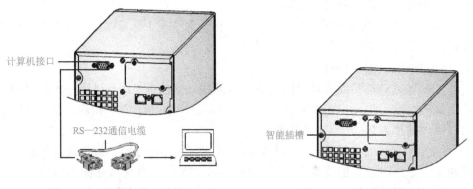

图 1-2-10　计算机接口连接　　　　　图 1-2-11　智能插槽连接

（3）通信网络浪涌保护接口，如图 1-2-12 所示。

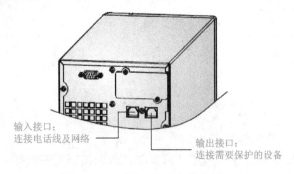

图 1-2-12　通信网络浪涌保护接口

三、UPS 的操作显示面板

1. 操作显示面板

UPS 的操作显示面板如图 1-2-13 所示。

图 1-2-13　操作显示面板

（1）开/关机按键与功能键：主要功能及操作方法如表 1-2-2 所示。

表 1-2-2　开/关机按键与功能键主要功能及操作方法

名　　称	图　　示	主要功能	操作方法
开/关机按键	开/关机	开机	按开/关机按键 1s 以上即可开机
		关机	当 UPS 处于市电模式、电池模式时，按开/关机按键 1s 以上即可关机
功能键	功能键	电池自检	在市电模式下，按功能键 2s 以上可启动电池自检，执行电池自检操作
		电池模式下的消音	按功能键 2s 可消除电池模式下的告警声，再持续按功能键 2s 以上，告警恢复

（2）LED 指示灯。UPS 的操作面板上有若干 LED 指示灯，包括故障指示灯、负载/电池容量指示灯、旁路指示灯、市电指示灯、逆变指示灯、电池指示灯。LED 灯的显示状态（发光、闪烁、熄灭）反映了 UPS 的不同工作状态或故障情况，需要用户熟悉和了解。各个指示灯的名称如图 1-2-14 所示。LED 指示灯显示意义说明如表 1-2-3 所示。

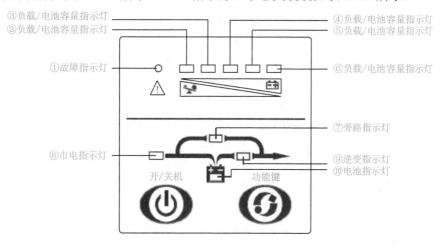

图 1-2-14　指示灯名称

表 1-2-3　LED 指示灯显示意义说明

序　号	指示灯名称	颜　色	说　　　明
1	故障指示灯	红色	此灯亮表示 UPS 发生异常状况
2	负载/电池容量指示灯	橙色	表示负载容量或电池容量：
3	负载/电池容量指示灯	绿色	
4	负载/电池容量指示灯	绿色	①市电模式/旁路模式下仅表示负载容量，作为负载指示灯
5	负载/电池容量指示灯	绿色	②电池模式下仅表示电池容量，作为电池容量指示灯
6	负载/电池容量指示灯	绿色	
7	旁路指示灯	橙色	此灯亮表示负载电力直接由市电提供
8	市电指示灯	绿色	此灯亮表示市电输入正常
9	逆变指示灯	绿色	此灯亮表示市电或电池经逆变输出后为负载供电
10	电池指示灯	橙色	此灯亮表示电池电能为负载供电

2．UPS 的运行模式

UPS 的运行模式可分为市电模式、电池模式和旁路模式，如图 1-2-15 所示。

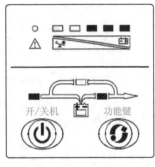

　（a）市电模式　　　　　　　　　（b）电池模式　　　　　　　　　（c）旁路模式

图 1-2-15　UPS 的三种运行模式

1）市电模式

市电模式下运行 UPS 的面板指示灯如图 1-2-15（a）所示，此时市电指示灯与逆变指示灯会亮，负载指示灯会根据所接的负载容量大小点亮。

如果市电指示灯闪烁，表示零、火线接反或者没有接大地，UPS 仍工作于市电模式；若同时电池指示灯亮，表示市电的电压或频率已超出正常范围，UPS 已经工作在电池模式下。

当负载容量超过 100%时，蜂鸣器 0.5s 叫一次，提醒用户接了过多的负载，应该将非必要的负载逐一去除，直到 UPS 负载量小于 100%。

如果电池指示灯闪烁，则表示 UPS 未接电池或电池电压太低，此时应检查电池是否连接好，并按功能键 2s，进行电池自检。确认连接无误，则可能是电池故障或老化。

2）电池模式

电池模式下运行的面板指示灯如图 1-2-15（b）所示，此时电池指示灯和逆变指示灯亮；若接入异常的市电，市电指示灯会同时闪烁。电池容量指示灯会根据电池容量的大小点亮，注意市电模式下的负载指示灯会作为在后备时间内的电池容量水平指示。

在电池模式运行时，蜂鸣器每隔 4s 鸣叫一次，若此时持续按功能键 2s 以上，UPS 执行消音功能，蜂鸣器不再鸣叫报警，再持续按功能键 2s 以上，报警恢复。当电池容量减少时，发光的电池容量指示灯数目会减少，当电池电压下降至预警电位时（此时可保持大于 2min 的备用时间）蜂鸣器每一秒鸣叫一次，提示用户电池容量不足，应抓紧进行负载操作并逐一去除负载。可以通过 UPS 不接市电以检验后备功能。

3）旁路模式

通过 WinPower 设置 UPS 使其工作在旁路状态。旁路模式下运行的面板指示灯如图 1-2-15（c）所示，市电指示灯与旁路指示灯亮，负载指示灯会根据所接负载容量大小点亮。UPS 2min 叫一次。

若市电指示灯闪烁，表示市电的电压或频率已超出正常范围或市电零线、火线接反或者没有接大地。其他面板指示灯与市电模式描述一样。

UPS 工作在旁路模式下时，不具备后备功能。此时负载所使用的电源是直接通过电力系统经滤波供应的。

3. WinPower 简介

WinPower 是 UPS 的监控软件，它既支持单台独立的计算机，也支持在网络（包括局域网和互联网）内的所有计算机。WinPower 用于监控 UPS，保证计算机系统不会因为市电的故障而遭到损坏。通过 WinPower 软件，用户可以在一台计算机上监控局域网内任意一台 UPS；通过 WinPower 软件，一台 UPS 同时可以对网络上多台计算机提供安全保护，包括在市电故障时安全关闭系统、保存应用程序数据、关闭 UPS 等。关于 WinPower 的设置在本书不做详细介绍。

四、UPS 的开关机及电池自检操作

1. 开机操作

开机操作分为接市电 UPS 开机和未接市电 UPS 直流开机。

1）接市电 UPS 开机

接通市电，持续按开/关机按键 1s 以上，UPS 进行开机。开机时 UPS 会进行自检。此时，面板上负载/电池容量指示灯会全亮，然后从左到右逐一熄灭，几秒钟后逆变指示灯亮，UPS 已处于市电模式下运行。若市电异常，UPS 将工作在电池模式下。

2）未接市电 UPS 直流开机

无市电输入时，持续按开/关机按键 1s 以上，UPS 进行开机。开机过程中 UPS 动作与接市电开机时相同，只是市电指示灯不亮，电池指示灯会亮。

2. 关机操作

关机操作分为市电模式、电池模式。

1）市电模式下的 UPS 关机

持续按开/关机按键 1s 以上，UPS 进行关机。若用 WinPower 设置市电逆变关机 UPS

转旁路模式，旁路指示灯会亮，UPS 工作在旁路模式下，UPS 仍有输出。若要使 UPS 无输出，只要将市电断开即可，面板上负载/电池容量指示灯会全亮并逐一熄灭，UPS 无输出电压。

　　2）电池模式下的 UPS 关机

　　持续按开/关机按键 1s 以上，UPS 进行关机。关机时 UPS 会进行自检。此时，面板上负载/电池容量指示灯会全亮并逐一熄灭，最后面板无显示，UPS 无输出电压。

3. 电池自检操作

　　UPS 运行期间，用户可通过手动方式启动电池自检来检查电池状态。

　　启动电池自检的方法为：

　　1）通过功能键

　　在市电模式下，持续按功能键 2s 以上，直到听到蜂鸣器"嘀"的一声响，7～10 号指示灯循环闪烁，UPS 转电池模式，进行电池自检。电池自检默认持续时间 10s（用户也可通过 WinPower 设置）。电池自检期间，若发生电池故障，UPS 将自动转市电模式工作。

　　2）通过后台监控软件

　　用户也可通过后台监控软件启动电池自检。

五、主要性能和技术指标

1. 输入特性

C1KS 型 UPS 的主要输入特性如表 1-2-4 所示。

表 1-2-4　C1KS 型 UPS 的主要输入特性

特　性		指　标
输入	输入方式	单相接地
	额定电压	220V AC
	电压范围	115～300V AC
	频率	50Hz
	功率因数	0.98

　　1）输入电压范围

　　输入电压范围是指保证 UPS 不转入电池逆变供电的市电电压范围。在此电压范围内，逆变器（负载）电流由市电提供，而不是由电池提供。输入电压范围越宽，UPS 电池放电的可能性越小，这有益于电池使用寿命的延长。目前 UPS 输入电压范围一般为（−15%～＋10%）U_e。

　　2）输入频率

　　输入频率是指 UPS 能自动跟踪市电、保持输出电压与输入电压同步的频率。UPS 的输入频率范围一般为（50±5%）Hz。

　　3）输入功率因数

　　输入功率因数的高低是衡量 UPS 是否对电网存在污染的一个重要电性能指标。输入功率因数低时，不仅吸取有功功率，同时还要吸收无功功率，其结果增大了系统配电容量，影响系统供电质量。

2. 输出特性

C1KS 型 UPS 的主要输出特性如表 1-2-5 所示。

1）输出电压精度

输出电压精度又称输出电压稳压精度，是指市电模式供电时，当输入电压在设计范围内，负载在满负荷范围内 100%变化时，输出电压的变化量与额定值的百分比。输出电压稳定程度越高，UPS 输出电压的波动范围越小，也就是电压精度越高。

2）输出功率因数

输出功率因数是指 UPS 输出端的功率因数，表示 UPS 带非线性负载能力的强弱。负载功率因数低时，所吸收的无功功率就大，将增加 UPS 的损耗，影响可靠性。

3）负载峰值比

负载峰值比是指 UPS 输出所能达到的峰值电流与平均电流之比。一般峰值因数越高，UPS 所能承受的负载冲击电流越大。

4）过载能力

过载能力是 UPS 的一项重要的可靠性量化指标。过载能力强的 UPS 其抗冲击负载能力更强，在正常负载下运行时，其可靠性更高。

表 1-2-5　C1KS 型 UPS 的主要输出特性

特　性		指　标
输入	输入方式	单相接地
	额定电压	220V AC
	功率因数	0.8
	电压精度	±2%
	输出频率　市电模式	①输入频率在 46～54Hz 时，输出和输入保持一致 ②输入频率小于 46Hz 或大于 54Hz 时输出频率锁定为 50Hz
	电池模式	50±0.2Hz
	过载能力（市电，25℃）	108%±5%<负载≤150%±5% 大于 25s 转至旁路并报警 150%±5%<负载<200%±5% 大于 300ms 转至旁路并报警
	转换时间	0ms（市电 ⇌ 电池） <4ms（市电 ⇌ 旁路）
	负载峰值比	3∶1

六、UPS 的维护

1. UPS 功能检查的内容

UPS 的常规功能检查主要包括以下几方面。

（1）检查 UPS 的工作状况。若市电正常，UPS 应工作在市电模式；若市电异常，UPS 应工作在电池模式，且两种工作状态下均无故障显示。

（2）检查 UPS 的运行模式切换。断开市电输入模拟市电掉电，UPS 应切换到电池供电模式并正常运行；然后再接通市电输入，UPS 应切换回市电模式并正常工作。

（3）检查 UPS 的指示灯显示。以上两项检查过程中，检查 UPS 的指示灯显示是否与其实际运行模式一致。

2. 蓄电池的保养维护

蓄电池是 UPS 系统的重要组成部分，是 UPS 设备中造价最贵的元件之一，使用和维护不当时易损坏，所以正确地使用和维护尤为重要。

蓄电池的寿命取决于环境温度和放电次数。高温下使用或深度放电都会缩短电池的使用寿命。在 UPS 的使用过程中，电池的维护与保养应注意以下几方面。

（1）标准型 UPS。标准型 UPS 的内置电池为密封式免维护铅酸蓄电池。UPS 在与市电连接时，不管开机与否，始终向电池充电，并提供过充、过放保护功能。

（2）电池使用应尽量保持环境温度在 15℃～25℃之间。

（3）若长期不使用 UPS，建议每隔 3 个月充电一次。

（4）正常使用时，电池每 4～6 个月充、放电一次，放电至关机后充电。在高温地区使用时，电池每隔 2 个月充、放电一次。标准型 UPS 每次充电时间不得少于 10h。

（5）电池不宜个别更换。

（6）正常情况下，电池使用寿命为 3～5 年，如果发现状况不佳，则必须提早更换，电池更换必须由专业人员操作。

3. 日常检查和维护的要求

任何设备的良好运营，均有赖于正确的操作使用和必要的维护保养，UPS 也是如此。因为不正确的操作使用导致 UPS 不正常、故障的事例时有发生。实践表明，经过合理保养的 UPS 设备，其性能和寿命优于未经过维护保养的同类产品。为使 UPS 保持良好的运行状态，根据工程实践，对 UPS 的日常检查和维护要求如表 1-2-6 所示，目的是使机器保持最佳的性能并预防将小问题转变成大故障。

表 1-2-6　UPS 日常维护项目及要求

项　目	要　求
检查系统告警功能	模拟系统简单故障，系统应发出相应告警
检查系统显示功能	将系统主机显示的电压、电流值与仪表的实际测量值进行比对，显示误差应分别小于 0.2V 和 0.5A
检查系统参数设置	系统所有参数设置正常，无漂移现象
检查系统接地保护	工作接地、保护接地的全部连接端连接紧密、无松动
检查熔丝、开关和结点温升	用红外点温仪测量表面温度，要求温升<50℃
检查散热风扇是否正常	风扇运转正常、无卡滞，滤网无积灰
清洁/更换系统滤网	按需进行
检查电池连接条和交流电缆连接情况	连接紧固，无松动、老化、腐蚀现象，电池充放电时连接条无明显的发热现象
检测单体电池端电压和极柱温度	单体电池端电压差<100mV×n 节
检查电池外观	壳体无变形、开裂，无漏液痕迹
清洁系统内外部卫生	系统内外部清洁，无明显积灰

实战演练与考核

以组为单位讨论下列问题：

（1）为什么在现代生活中，UPS 的作用和地位越来越重要，结合实际谈谈你对这个观点的看法。

（2）比较后备式、在线互动式和在线式 UPS 在工作方式上的不同，说明各自的优缺点。

（3）请描述 UPS 开机加载步骤以及 UPS 从正常运行到维护旁路的步骤。

（4）UPS 设备工作时对环境有哪些要求？为什么？

按照 UPS 日常维护要求对实训室、机房等处的 UPS 进行检查与维护，并将检查结果记录下来，填入实训报告。

实 训 报 告				
检查地点		检查人		检查日期	
检查记录	检查项目		检查记录	
	检查系统告警功能			
	检查系统显示功能			
	检查系统参数设置			
	检查系统接地保护			
	检查熔丝、开关和结点温升			
	检查散热风扇是否正常			
	清洁/更换系统滤网			
	检查电池连接条和交流电缆连接情况			
	检测单体电池端电压和极柱温度			
	检查电池外观			
	清洁系统内外部卫生			
实训小结				

任务评价

序 号	考核内容	评分要素	配 分	得 分
1	理论知识	1. 熟悉 UPS 的相关知识 2. 掌握 UPS 接线的要领 3. 熟悉 UPS 的开/关机方法 4. 知道 UPS LED 指示灯所反映出的各种情况	60	
2	维护保养	能够按照日常维护检查的要求对 UPS 进行检查	40	

维修技巧一点通

故 障 现 象	原 因	解 决 方 法
市电指示灯闪烁	市电电压或频率超出 UPS 输入范围（开机时 UPS 蜂鸣器 1s 响两次，连响 8 声）	此时 UPS 正工作于电池模式，保存数据并关闭应用程序，确保市电处于 UPS 所允许的输入电压范围
	市电零线、火线接反，UPS 2min 一响	重新连接使市电零线、火线正确连接
1 号故障指示灯与 2 号灯亮，蜂鸣器长鸣	电池模式 UPS 过载或负载设备故障	检查负载水平并移去非关键性设备，重新计算负载功率并减少连接到 UPS 的负载数量，检查负载设备有否故障
1 号故障指示灯与 2、5 号灯亮，蜂鸣器 1s 一响	UPS 输出短路	关 UPS，去掉所有负载，确认负载没有故障或内部短路，重新开机
10 号电池灯闪烁	电池电压太低或未连接电池	检查 UPS 电池部分，连接好电池，若电池损坏，需更换
市电正常，UPS 不入市电	UPS 输入断路器断开	手动使断路器复位
电池放电时间短	电池充电不足	保持 UPS 持续接通市电 10h 以上，让电池重新充电
	UPS 过载	检查负载水平并移去非关键性设备
	电池老化，容量下降	更换电池
开机键按下后，UPS 不能启动	按开机键时间太短	按开机键持续 1s 以上，启动 UPS
	UPS 没有接电池或电池电压低并带载开机	连接好 UPS 电池，若电池电压低，先行关电后再空载开机

 项目核心内容小结

（1）稳压电源具有稳定电压的功能，能够在电网电压出现瞬间波动时，以 10～30ms 的响应速度对电压幅值进行补偿，使其稳定在±2%以内。除了最基本的稳定电压功能以外，稳压电源还应具有过压保护（超过输出电压的+10%）、欠压保护（低于输出电压的-10%）、缺相保护、短路过载保护等保护功能。

（2）直流稳压电源广泛用于实验室及工业控制等多种场合，具有恒压、恒流、自动切换工作模式的作用。

（3）UPS 不间断电源是一种当正常交流供电中断时，将蓄电池输出的直流电变换成交流电持续供电的电源设备，主要用于给单台计算机、计算机网络系统或其他电力电子设备提供不间断的电力供应。

万用表及钳形电流表的使用与维护

项目说明

　　万用表是一种常用的测量与检测仪表，能够测量电压、电流、电阻、二极管、三极管、电容、线路，通过测量得到的数据来判断故障，在电子产品检测、维修等工作中是不可缺少的检测仪表。

　　钳形电流表是一种无须断开电源和线路就可直接测量运行中的电气设备和线路工作电流的携带式仪表，特别适合不便拆线或不能切断电源的场合测量。

　　通过此项目的训练，使操作人员能够了解万用表和钳形电流表的基本功能，熟练掌握测量各种不同电量的操作方法。

项目要求

　　（1）了解指针式万用表、数字式万用表、钳形电流表的基本功能。
　　（2）熟练掌握用万用表测量电阻、交直流电压、直流电流等的方法。
　　（3）熟练掌握用钳形电流表测量交直流电压、交直流电流的方法。
　　（4）了解万用表、钳形电流表的维护知识。

项目计划

　　时间：6课时。
　　地点：电子工艺实训室。

项目实施

　　（1）课前搜集万用表、钳形电流表的相关资料，尽可能多地了解它们的用途、性能等（分组进行）。
　　（2）熟悉电阻、二极管、三极管、电容、电感等电子元器件的性能和特点。
　　（3）对照（指针式、数字式）万用表、钳形电流表的使用说明，对其测量方法进行探究，并将探究结果进行组间交流；教师就学生在交流过程中发现的问题给予适时的指导、点评。
　　（4）结合实训任务进行实际操作，教师对学生的操作给予适时的指导、点评。

任务1　指针式万用表的正确使用与维护

工作任务

（1）利用指针式万用表测量电路中的电压和电流。

（2）利用指针式万用表进行元器件的检测。

相关知识

万用表是电工、电子测量中最常用的工具之一，它具有测量电流、电压和电阻等多种功能。有的万用表还可以用来测量电容、电感以及二极管、晶体管的某些参数。万用表分为指针式和数字式两类，各类又有多种型号，但基本结构和使用方法是相同的。在此，主要介绍 MF—47 型指针式万用表和 DT—830B 型数字式万用表的正确使用方法。

一、认识指针式万用表

1. MF—47 型指针式万用表的主要功能

MF—47 型指针式万用表是磁电式多量程万用表，可供测量直流电流、交直流电压、电阻等，具有 26 个基本量程和电平、电容、电感、晶体管直流参数等 7 个附加参考量程。其外形如图 2-1-1 所示。

对于初学者，建议使用指针式万用表。目前，市场上指针式万用表种类很多，选用时可以根据测量的项目、精度要求，选择灵敏度高、基本误差小、表头倾斜误差小、测量项目多、量程范围大、表盘大、转换开关质量良好、有过载保护等功能的万用表。

图 2-1-1　MF—47 型指针式万用表实物图

2. MF—47 型指针式万用表的主要部件和相关功能

指针式万用表主要由指示部分、测量电路、转换装置三部分组成。基本原理是利用一只灵敏的磁电式直流电流表（微安表）作为表头，当微小电流通过表头时，就会有电流指示。但表头不能通过大电流，所以，必须在表头上并联或串联一些电阻进行分流或降压，由此测出电路中的电流、电压和电阻。MF—47 型指针式万用表的面板由刻度盘、指针、机械调零旋钮、功能选择转换开关、量程、欧姆调零旋钮、晶体管直流放大倍数测试孔、表笔等构成，如图 2-1-2 所示。

图 2-1-2　万用表的主要部件

MF—47 型指针式万用表主要部件的简介如表 2-1-1 所示。

表 2-1-1　MF—47 型万用表主要部件

名称	图　示	含　义
表头	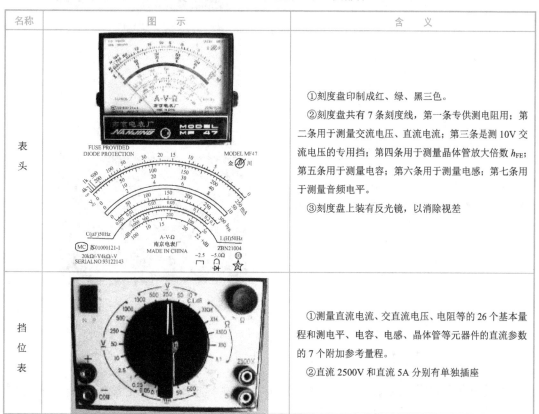	①刻度盘印制成红、绿、黑三色。 ②刻度盘共有 7 条刻度线，第一条专供测电阻用；第二条用于测量交流电压、直流电流；第三条是测 10V 交流电压的专用挡；第四条用于测量晶体管放大倍数 h_{FE}；第五条用于测量电容；第六条用于测量电感；第七条用于测量音频电平。 ③刻度盘上装有反光镜，以消除视差
挡位表		①测量直流电流、交直流电压、电阻等的 26 个基本量程和测电平、电容、电感、晶体管等元器件的直流参数的 7 个附加参考量程。 ②直流 2500V 和直流 5A 分别有单独插座

二、指针式万用表的使用方法

1. 调整零点

万用表在测量前，应将其水平放置，观察表头指针是否处于交、直流挡标尺的零刻度线上，如果没有在零刻度线上，读数会有较大的误差。此时需要进行调零，具体方法如表 2-1-2 所示。

表 2-1-2　调整零点

机 械 调 零 方 法	图　示
机械调零，如图（a）所示，可旋转表盖上的调零旋钮使指针指示在交、直流挡标尺的零刻度线上，注意机械调零调整好后一般不再出现偏差，无须频繁调节，以免损坏调零旋钮	机械调零旋钮 （a）
欧 姆 调 零 方 法	图　示
欧姆调零，如图（b）所示，选好合适的欧姆挡后，将红、黑表笔短接，调整欧姆调整旋钮，使指针对准欧姆零位上（若不能准确指向零位，则说明电池电压不足，应更换电池）。注意，每换一次欧姆挡需要进行一次欧姆调零	欧姆调零旋钮 （b）

2. 选择量程

测量前根据被测项目选择合适的量程，尽量使测量时指针指在刻度线 1/3～2/3 范围内，减小误差。具体方法如表 2-1-3 所示。

表 2-1-3 选 择 量 程

内容	测 量 方 法	图 示
测量直流电压	①测直流电压的大小，将功能开关旋至直流电压挡相应的量程上，将红、黑表笔并联在被测电路上，并注意正、负极性。测量方法如图（a）、（b）所示。 ②如果不知道被测电压的极性和大概数值，可将功能开关旋至直流电压挡的最高量程，进行试探测量（如果指针反偏，则说明表笔接反；若指针顺时旋转，则表示表笔极性正确），根据试探测量的大概数值调整极性和合适的量程。 ③根据该挡量程第二条线上的指针所指数值，读出被测电压的大小 注意：表笔接法要正确，单手操作，测量时不换挡	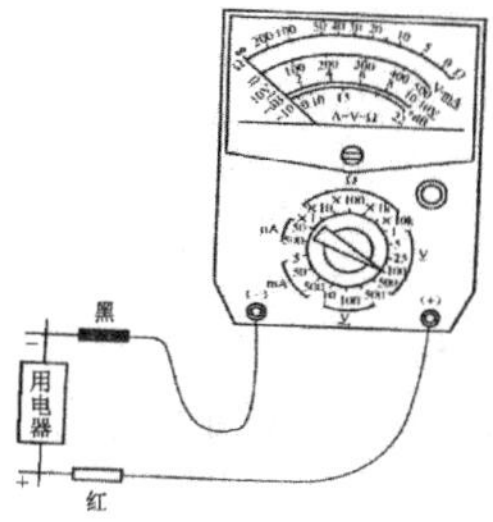 （a）原理图 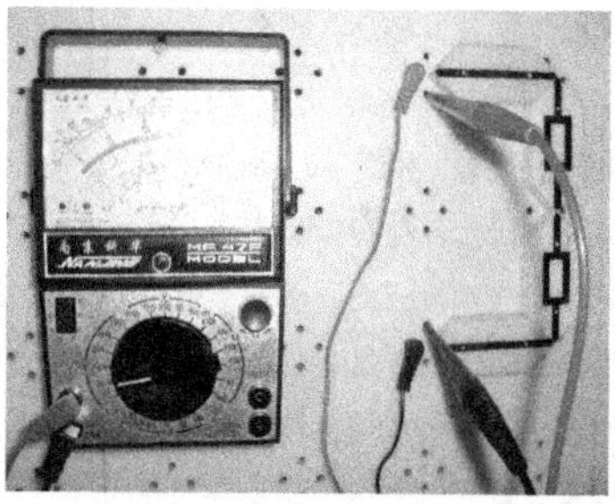 （b）测试图
测量交流电压	将功能开关旋至交流电压挡相应的量程进行测量。测量方法与测量直流电压相似，如图所示，所不同的是因交流电没有正、负之分，所以测量交流时，表笔也就无须分正、负。读数方法与测量直流电压一样	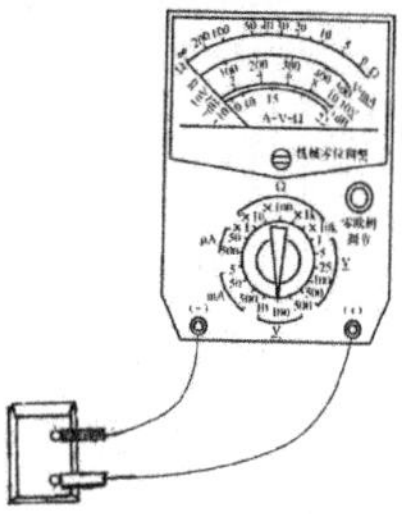
测量直流电流	①估计一下被测电流的大小，然后将选择开关拨至合适的"mA"量程。 ②万用表用红、黑表笔串接在电路中，如图所示。 ③根据该挡量程第二条线上的指针所指数字，来读出被测电流的大小。如电流量程选在 0.5mA 挡，可以读 0～50 这组数，将刻度线上 10 的数字看作 0.1，又依次把 20、30 看作 0.2、0.3，就可读出被测电流的数值 注意：红表笔必须接电流流入端，黑表笔接电流流出端。若不能确定电流方向，可用试触法判定	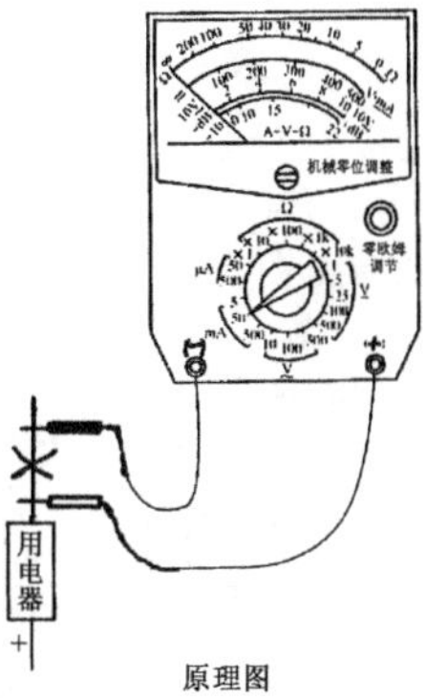 原理图

内容	测 量 方 法	图 示
测量电阻	①选择开关旋至欧姆挡的适当量程上；如图（a）所示。 ②将两表笔短接，调整欧姆调零器使指针向右偏转指向零欧姆处。每换一次量程，欧姆挡的零点需要重新调整一次，如图（b）所示。 ③测量读数：如图（c）所示，将表笔正确接在被测电阻上，待指针稳定后，读出指针在欧姆刻度线（第一条线）上的读数，再乘以该挡位的倍率，就是所测电阻阻值。 注意：从标尺刻度上读取测量结果，记录数据要有计量单位	（a）选择倍率（挡位） （b）欧姆调零 （c）测试电阻

3. 指针式万用表的读数方法

具体读数方法如表 2-1-4 所示。

表 2-1-4　读 数 方 法

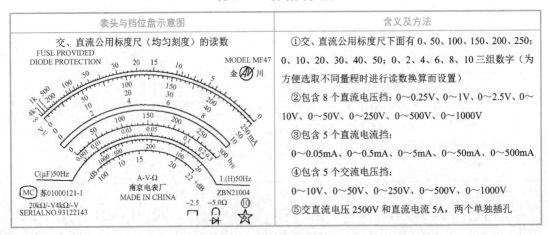

表头与挡位盘示意图	含义及方法
交、直流公用标度尺（均匀刻度）的读数	①交、直流公用标度尺下面有 0、50、100、150、200、250；0、10、20、30、40、50；0、2、4、6、8、10 三组数字（为方便选取不同量程时进行读数换算而设置） ②包含 8 个直流电压挡：0～0.25V、0～1V、0～2.5V、0～10V、0～50V、0～250V、0～500V、0～1000V ③包含 5 个直流电流挡：0～0.05mA、0～0.5mA、0～5mA、0～50mA、0～500mA ④包含 5 个交流电压挡：0～10V、0～50V、0～250V、0～500V、0～1000V ⑤交直流电压 2500V 和直流电流 5A，两个单独插孔

续表

表头与挡位盘示意图	含义及方法

注意：测量读数时，应根据选择的挡位，乘以相应的倍率。例如，当量程选择的挡位是直流电压 0～2.5V，由于 2.5 是 250 缩小 100 倍，所以标度尺上的 50、100、150、200、250 这组数字都应同时缩小 100 倍，分别为 0.5、1.0、1.5、2.0、2.5，这样换算后，就能迅速读数了。当表头位于两个刻度之间的某个位置时，应将两刻度之间的距离等分后，估读一个数值。如果指针的偏转在整个刻度面板的 2/3 以内，应换一个比它小的量程来读数

欧姆标度尺（非均匀刻度）的读数 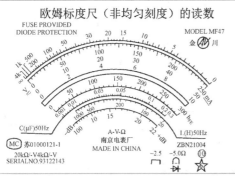	① 万用表的欧姆标度尺上只有一组数字，作为电阻专用，从右往左读数。 ② 包含 5 个挡位，×1、×10、×100、×1k、×10k。测量读数时，应根据选择的挡位乘以相应的倍率。例如，当量程选择的挡位是 R×1k，就要将读取的数据×1000 才是测量结果

注意：读数时，当表头指针位于两个刻度之间的某个位置时由于欧姆标度尺是非均匀刻度，应根据左边和右边刻度缩小或扩大的趋势，估读一个数值。测量电阻时，不能用双手触及电阻器的两端。在电路中，当不能确定被测电阻有没有并联电阻存在时，应把电阻器的一端从电路中断开；在进行测量时不要带电测量；换挡时要注意重新调零

三、指针式万用表的维护

万用表虽有双重保护装置，但使用时仍应遵守以下规程，避免意外损失。

（1）测量高电压或大电流时，为避免烧坏表头，应在切断电源情况下，变换量程。

（2）测未知量的电压或电流时，应先选择最高挡位，当第一次读取数值后，方可逐渐旋转至适当量程以取得较准确读数并避免烧坏万用表。

（3）偶然因过载而烧断熔断器时，可打开万用表后盖，换上相同型号的熔断器（0.5A/250V）。

（4）测量电压时，要站在干燥绝缘板上，单手操作，防止触电事故。

（5）干电池应定期检查、更换，以保证测量精度。若长期不用，应取出电池，防止电池液溢出腐蚀、损坏其他零件。

（6）测量完毕，应将转换开关拨到最高交流电压挡或 OFF 位置，并把表笔拔出，防止下次测量不慎损坏表头或消耗表内的电池。

实战演练与考核

实 训 准 备		
实训器材	实训电路一	考核记录
稳压电源、指针式万用表、电阻 4 只、LED、普通二极管、导线若干		

续表

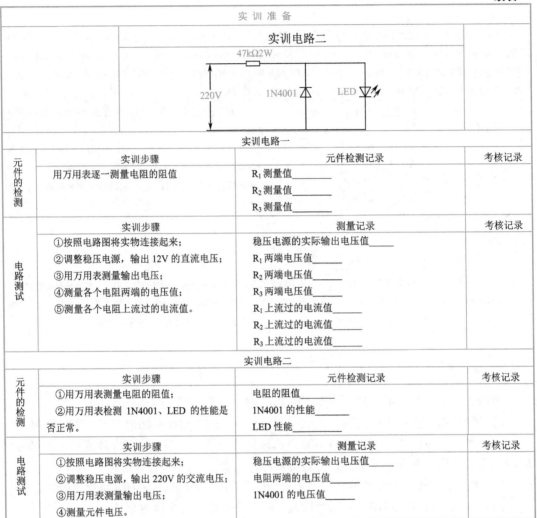

实 训 准 备		
	实训电路二 47kΩ2W 220V　　1N4001　　LED	

	实训电路一		
元件的检测	实训步骤	元件检测记录	考核记录
	用万用表逐一测量电阻的阻值	R₁ 测量值＿＿＿＿＿＿ R₂ 测量值＿＿＿＿＿＿ R₃ 测量值＿＿＿＿＿＿	
电路测试	实训步骤	测量记录	考核记录
	①按照电路图将实物连接起来； ②调整稳压电源，输出 12V 的直流电压； ③用万用表测量输出电压； ④测量各个电阻两端的电压值； ⑤测量各个电阻上流过的电流值。	稳压电源的实际输出电压值＿＿＿＿ R₁ 两端电压值＿＿＿＿＿ R₂ 两端电压值＿＿＿＿＿ R₃ 两端电压值＿＿＿＿＿ R₁ 上流过的电流值＿＿＿＿ R₂ 上流过的电流值＿＿＿＿ R₃ 上流过的电流值＿＿＿＿	

	实训电路二		
元件的检测	实训步骤	元件检测记录	考核记录
	①用万用表测量电阻的阻值； ②用万用表检测 1N4001、LED 的性能是否正常。	电阻的阻值＿＿＿＿＿＿ 1N4001 的性能＿＿＿＿＿＿ LED 性能＿＿＿＿＿＿＿	
电路测试	实训步骤	测量记录	考核记录
	①按照电路图将实物连接起来； ②调整稳压电源，输出 220V 的交流电压； ③用万用表测量输出电压； ④测量元件电压。	稳压电源的实际输出电压值＿＿＿＿＿ 电阻两端的电压值＿＿＿＿＿＿ 1N4001 的电压值＿＿＿＿＿	

任务评价

序　号	考核内容	评分要素	配分	评分标准	得　分
1. 准备工作（5 分）	检查万用表	插入表笔（红表笔接万用表的"+"，黑表笔接万用表的"－"或"*"端），检查万用表内电池电压；挡位转换开关置于电阻挡，倍率开关置于 R×1k（测 1.5V 电池），置于 R×10k（测量较高电压电池）。表笔相碰，指针未指在零位，调整"调零"旋钮	3	表笔插入错误扣 0.5 分 未检查表内电池电压扣 0.5 分 未转换至电阻挡 0.5 分 倍率开关选择错误扣 0.5 分 未将表笔相碰扣 0.5 分 指针不在零位未调整"调零"旋钮扣 0.5 分	
	机械调零	水平放置万用表	1	未水平放置万用表扣 1 分	
		转动机械调零旋钮，使指针对准刻度盘的 0 位线	1	未进行机械调零扣 1 分 指针未对准"0"位线扣 1 分	

序　号	考核内容	评分要素	配　分	评分标准	得　分
2．电阻的测量（24分）	测量电阻阻值	选择挡位及量程	6	挡位选择错误停止测量 量程选择错误一次扣2分	
		表笔相碰，调整"调零"旋钮；转换量程时欧姆挡重新调零	6	未进行欧姆调零扣6分 转换量程时未重新欧姆调零一次扣1分	
		表笔接入被测元件，表笔接触良好，双手禁止同时接触电阻两端	6	未将表笔接入被测元件一次扣2分 表笔接触不良一次扣1分 双手同时接触电阻两端一次扣1分	
	记录电阻	指针在标度尺的1/3～2/3处，待稳定后读出电阻阻值	6	读数错误一次扣2分 单位错误一次扣1分	
3．交直流电压的测量（36分）	选择量程	根据被测量参量性质选择合适的挡位，测量交流电压时可选"V̰"区间的挡位；测量直流电压时可选用"V̲"区间的挡位	6	测量交流电压时未选用"V̰"区间的挡位扣3分 测量直流电压时未选用"V̲"区间的挡位扣3分	
		未知电压有多大时，应先将量程挡置于最高挡，然后再向低程挡转换；测量高压时，不能在测量时转换量程	6	带电转换量程不得分 量程选择错误一次扣1分	
	测量	将表笔接入被测元件，接触良好	6	表笔未接入被测元件不得分 表笔接触不良一次扣1分	
		测量时，不能用手触摸表笔的金属部分，以保证安全和测量的准确性	6	手触摸表笔的金属部分不得分	
		测量直流时，红表笔接正极，黑表笔接负极	6	表笔未接正确一次扣1分	
	读取数值	根据表盘读数及挡位关系读取数值	6	不会读取数值不得分 读数错误一次扣1分 单位错误一次扣1分	
4．直流电流的测量（24分）	选择量程	未知电流有多大时，应先将量程挡置于最高挡，然后再向低程挡转换；不得在测量时转换量程	6	带电转换量程不得分 量程选择错误一次扣1分	
	测量	将表笔接入被测电路，接触良好	6	表笔未接入被测电路不得分 表笔接触不良一次扣1分	
		测量时，不能用手触摸表笔的金属部分，以保证安全和测量的准确性	6	手触摸表笔的金属部分不得分	
	读取数值	根据表盘读数及挡位关系读取数值	6	不会读取数值不得分 读数错误一次扣1分 单位错误一次扣1分	

续表

序 号	考核内容	评分要素	配分	评分标准	得 分
5. 二极管的测量（9分）	选择挡位	选择开关置"Ω"挡的 R×100 或 R×1k 挡，同时调零	3	选择开关选错扣 1 分 量程选择不对扣 1 分 不调零扣 1 分	
	质量判别	分别测量二极管的正、反向电阻，根据结果判定二极管的质量及极性	6	测试不规范扣 3 分 判别错误扣 6 分	
6.收尾工作（2分）	归挡	测量完毕将挡位开关调至交流电压最大挡或空挡	2	测量完毕未归挡不得分 未将挡位开关调至交流电压最大挡或空挡扣 2 分	
7. 职业素养（5分）	安全文明操作	按国家或企业颁发的有关规定进行操作		每违反一次规定从总分中扣 5 分	

维修技巧一点通 MF—47型万用表常见故障处理

【故障一】 测试时，指针不偏转或来回摆动不停。
产生原因
①测试表笔断。
②熔断器烧坏。
③动圈开路。
④与表头串联电阻损坏开路。
⑤表头保护装置（晶体二极管）击穿短路。
⑥表头线脱焊。
解决方法
①表笔损坏重新更换。
②更换合适的熔断器。
③动圈损坏更换。
④更换损坏的电阻。
⑤更换损坏的二极管。
⑥重新焊好脱焊点。

【故障二】 机械调零时，指针在零位处有变位或卡滞现象。
产生原因
①轴承与轴尖间的间隙过紧使指针变位。
②表芯与极掌间隙中有毛刺，如铁屑或纤维，阻碍可动部分自由活动。
③仪表游丝粘连或跳圈。
④平衡锤松动或变形。
⑤指针与表盘之间有磁化物质阻碍指针自由运动。
⑥可动线圈变形。

解决方法

①重新调整轴承与轴尖的间隙，使活动部分摆动自如。

②清除极掌或铁芯上的铁屑，用细钢丝插入间隙中利用钢丝被磁化的原理吸出铁屑。再用皮老虎清除其中的纤维。

③平整游丝到正常位置。

④重新焊好平衡锤并调整好与指针之间的角度。

⑤清除指针与表盘之间存在的带磁性的物质。

⑥有条件的情况下，更换可动线圈。

【**故障三**】 有一个或几个挡在测量时表无指示。

产生原因

①挡转换开关接触不良，触点氧化或烧坏。

②该挡元件严重损坏或氧化。

解决方法

①重新调整好转换开关的位置，用无水酒精清洗触点氧化层。

②更换损坏的元件。

【**故障四**】 电阻挡不能使用。

产生原因

①电池失效。

②电阻挡电阻损坏。

③电池正负极与接触片没有接触上或接触片连线不通。

④表头公共电路部分电阻测量线路与表头串联的专用电阻不通。

⑤电阻挡调零电阻接触不良。

解决方法

①更换失效电池。

②更换损坏的电阻。

③调整好触片位置使之与电池正负极接触好。

④更换电阻测量线路中与表头串联的专用电阻。

⑤清洗电阻挡调零电阻。

【**故障五**】 交流挡不能使用。

产生原因

①整流电路中有二极管损坏。

②交流电压挡专用的与表头串联的电阻断路。

③交流电压挡中最小量程中的分压电阻损坏。

解决方法

①更换损坏的整流二极管。

②检查与表头串联的电阻是否损坏或接触不良，若是，则更换重焊。

③检查最小电压挡的分压电阻是否损坏，若是，则更换。

【故障六】　各挡指示无规律变化。

产生原因

转换开关位置串动（MF—30、MF—40 等类型的表易出现）。

解决方法

正确调整好开关位置，并使开关触点接触好每一挡触点位置。

【故障七】　交流测量时，指针有抖动现象。

产生原因

①可能是轴承与轴尖配合太松，使指针晃动。

②电路中旁路电容变质。

解决方法

①重新调整好轴承与轴尖的间隙。

②更换变质的电容。

任务 2　数字式万用表的正确使用与维护

工作任务

（1）利用数字式万用表测量电路中的电压和电流。

（2）利用数字式万用表进行元器件的检测。

相关知识

　　数字式万用表（如图 2-2-1 所示）是以数字形式来显示测量结果的万用表，一般由显示器（LCD 或 LED）、显示器驱动电路、A/D 转换器、交直流变换电路、功能转换开关、表笔、插座、电源开关等组成。

图 2-2-1　数字式万用表

最普通的数字式万用表一般具有电阻测量、通断声响检测、二极管正向导通电压测量、交流电压和直流电流测量、直流电压测量、三极管放大倍数及性能测量等功能。有些数字式万用表则增加了电容容量测量、频率测量、温度测量、数据记忆及语音报数等功能，给实际检测工作带来很大的方便。数字式万用表不但具有指针式万用表的功能，而且具有读数直观、分辨率高、测量速度快、输入阻抗高等优点。目前，数字式测量仪器已经成为主流，有取代模拟式仪表的趋势。

下面就以 DT—830B 型数字式万用表为例，介绍数字式万用表的使用与维护方法。

一、认识 DT—830B 型数字式万用表

DT—830B 型数字式万用表具有测量直流电流、直流电压、交流电压、电阻、三极管放大倍数、二极管导通电压和电路短接等功能，采用 LCD 液晶显示。

1. 面板功能

DT-830B 型数字式万用表的面板主要包括以下几个组成部分，如图 2-2-2 所示。

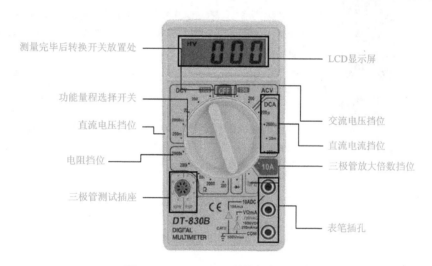

图 2-2-2 DT—830B 型数字式万用表

2. DT—830B 型数字式万用表的主要部件和相关功能

DT—830B 型数字式万用表的主要部件和相关功能如表 2-2-1 所示。

表 2-2-1 DT—830B 型数字式万用表的主要部件和相关功能

名　称	图　示	相　关　功　能
LCD 显示屏		通过 LCD 显示屏显示测量结果

续表

内　容	测　量　方　法
测量直流与交流电压	③⚠表示不要输入高于万用表要求的电压，显示更高的电压值是可能的，但有损坏内部线路的危险。 ④数字式万用表测量交流电压的频率很低（45～500Hz），中高频率信号的电压幅度应采用交流毫伏表来测量
测量直流电流	将黑表笔插入"COM"插孔，当测量最大值为 200mA 的电流时，红表笔插入"VΩmA"插孔，并将功能开关置于直流电流挡 DCA 量程范围。当测量 200mA～10A 的电流时，红表笔插入"10ADC"插孔，功能开关应置于 10A 挡位。将测试表笔串联接入到待测负载上，便可读出显示值。若显示为"1."，那么就要加大量程；如果在数值左边出现"−"，则表明电流从黑表笔流进万用表。 注意：如果未知待测电流范围，应将功能开关置于最大量程挡位，然后逐挡下拨，直到显示的数字适当为止。当显示屏显示"1"时，表示超过量程，应更换更大的量程。10A 挡无熔断器保护，测量时应小心使用
测量电阻	将黑表笔插入"COM"插孔，红表笔插入"VΩmA"插孔，将功能开关置于 Ω 挡适当量程。然后将测试表笔连接到待测电阻的两端，并读出显示值。读数时，要保持表笔和电阻有良好的接触。 注意：①功能开关置于 Ω 挡时，红表笔为正极，黑表笔为负极，这与指针式万用表正好相反。因此，测量晶体管、电解电容器等有极性的元器件时，必须注意表笔的极性。 ②如果被测电阻值超出所选择量程的最大值，将显示过量程"1"，应选择更高的量程；当没有连接好时，例如，开路情况，仪表显示为"1"。 ③在"200"挡时，测量值的单位是"Ω"，在"2k"到"200k"挡时单位为"kΩ"，"2M"以上的单位是"MΩ"。 ④当测高压时，应特别注意避免触电。 ⑤在测量电阻时，应注意一定不要带电测量
判定电容好坏	先将电容两极短路（用一支表笔同时接触两极，使电容放电），然后将万用表的两支表笔分别接触电容的两个极，观察显示的电阻读数。若一开始时显示的电阻读数很小（相当于短路），然后电容开始充电，显示的电阻读数逐渐增大，最后显示的电阻读数变为"1"（相当于开路），则说明该电容是好的。若按上述步骤操作，显示的电阻读数始终不变，则说明该电容已损坏（开路或短路）。 注意：测量时要根据电容的大小选择合适的电阻量程，例如，47μF 用 200k 挡，而 4.7μF 则要用 2M 挡等
测量二极管	将黑表笔插入"COM"插孔，红表笔插入"VΩmA"插孔，将功能开关置于"⊣▶⊢"挡，并将表笔连接到待测二极管两端，即可读出数值。仪表显示值为二极管的正向压降，当二极管接反或开路时显示"1"超载。 注意：这一挡位红表笔极性为"+"，黑表笔极性为"−"
测量三极管放大倍数	先要确定待测三极管是 NPN 型还是 PNP 型，然后将其引脚正确地插入对应类型的测试插座中，功能量程开关转到 hFE 挡，即可以直接从显示屏上读取放大倍数值，若显示"000"，则说明三极管已坏
短路检测	有的数字式万用表具有短路检测功能，检测方法是将功能量程开关转到"•)))"位置，两表笔分别接测试点，若发生短路，则蜂鸣器会响

三、数字式万用表的维护

　　数字式万用表用途广泛，整机电路配以全过程过载保护电路，并具有自动断电功能，是一台性能优越的工具仪表，成为电子爱好者的必备首选。在日常的操作和使用过程中，要注意从以下几方面对万用表加以维护。

1. 操作前的注意事项

（1）在使用数字式万用表之前，应仔细阅读产品使用说明书（因为随着产品结构的不同，其使用方法也不一样），熟悉开关、功能键、插孔、旋钮及仪表附件（如测温探头、高频探头）的作用；还应了解仪表的极限参数，出现过载显示、极性显示、低电压指示和其他标志符号显示以及声光报警的特征，掌握小数点位置的变化规律。

（2）某些型号的数字式万用表（如 UT53、UT54、UT56、DT9102 等）具有自动关机功能：使用中若发现液晶显示器 LCD 数字显示突然消失，并非仪表出现故障，而是电源被切断，使仪表进入了"睡眠"状态。这时只需重新按下电源开关，即可恢复正常。倘若仅是最高位显示"1"，其他位均消隐，证明仪表已发生过载，要选择更高的量程。

（3）将 ON-OFF 开关置于 ON 位置，检查 9V 电池，如果电池电压不足，"▭▭□"或"BAT"将显示在显示器上，这时，则应更换电池。更换电池时，电源开关必须拨至"OFF"位置。如果没有出现，则按正常步骤进行。

（4）测试表笔插孔旁边的⚠符号，表示输入电压或电流不应超过标示值，以保护内部线路免受损伤。

（5）测试前，功能开关应放置于所需量程上。

数字式万用表损坏在大多数情况下是因测量挡位错误造成的。例如，在测量交流市电时，若将功能量程选择开关置于电阻挡，这种情况下表笔一旦接触市电，瞬间即可造成万用表内部元件损坏。因此，要注意养成在万用表使用完毕后，及时将功能量程选择开关置于"OFF"处的良好习惯，避免发生误操作，引起数字式万用表损坏。

2. 操作中的注意事项

（1）注意正确选择量程及红表笔插孔。对未知量进行测量时，应首先把量程调到最大，然后从大向小调，直到合适为止。若显示"1"，表示过载，应加大量程。

（2）在测量比较大的电压时需注意安全，当电压达几百伏时应单手操作，即先把黑表笔固定在被测电路的公共端，再用红表笔去接触测试点，测量接近 1000V 的电压时，必须使用高压探头，探头的端部最好带弯钩或鳄鱼夹，便于固定。

（3）严禁在接通测量状态下改变量程开关。改变量程时，表笔应与被测点断开。

（4）当用其测试电流时应正确选择量程，如果电流大小不知道，开始时应放在最大量程，然后再根据读数的大小逐渐转换到合适的量程，切忌过载。

（5）当用其电阻挡检测晶体二极管、三极管和电解电容等需要区别极性的元器件时，必须注意极性，同时还要注意用电阻挡测量时，各挡测试的电压和最大测试电流不完全一样（按其使用说明书规定的指标）。由于电阻挡所能提供的测试电流很小，不适宜直接测试晶体管的正向电阻。

（6）不允许用电阻挡和电流挡测电压。

（7）测量电阻时，应防止带电测量，注意人体电阻的影响。用 2MΩ 电阻挡时，显示值需经过数秒钟才能趋于稳定，用 200Ω 挡测量时，应先将表笔短路，测出两表笔引线的阻值（约 0.1～0.3Ω），每次的测量值应减去此值，才是实际值，否则将影响测量结果的准确性。

（8）利用 h_{FE} 插口检查发光二极管质量好坏时，测量时间应尽量短，测量时间过长会降低叠层电池的使用寿命。

（9）不能使用数字式万用表的电阻挡去检测液晶显示器 LCD 的好坏，LCD 显示只能用交流方波来驱动，不允许加直流电压。

在实际工作中，有些数字式万用表损坏是由于测量的电压、电流超过量程范围所造成的。例如，在交流 20V 挡位测量市电，很容易引起数字式万用表交流放大电路损坏，使万用表失去交流测量功能。在测量直流电压时，若所测电压超出测量量程，同样易造成表内电路故障。在测量电流时如果实际电流值超过量程，一般仅引起万用表内的熔断器烧断，不会造成其他损坏。因此如果所要测量的电压数值远超出万用表所能测量的最大量程，应另配高阻测量表笔，例如，检测黑白彩电的第二阳极高压及聚焦高压。

多数数字式万用表的直流电压上限量程为 1000V，因此测量直流电压时，最高电压值在 1000V 以下，一般不会损坏万用表。如果超出 1000V，则很有可能造成万用表损坏。但是，不同的数字式万用表的可测量电压上限值可能有所不同。如果测量的电压超出量程，可采取电阻降压的方法加以测量。另外，在测量 400～1000V 的直流高电压时，表笔与测量处一定要接触好，不能有任何抖动，否则，除了可能会造成万用表损坏而使测量不准确外，严重时还可使万用表无任何显示。

3. 使用完毕后的注意事项

数字式万用表是一种精密电子仪表，不要随意更改线路，并注意以下几方面。

（1）只有在测试表笔从万用表移开并切断电源后，才能更换挡位或量程。

（2）用毕随手关机（把电源开关拨至"OFF"的位置，可以延长电池的使用寿命）。若长期不用，应取出电池，以免产生漏电损坏仪表。

（3）数字式万用表不宜在阳光直射及高温、高湿的地方使用与存放。它的工作温度为 0～40℃，相对湿度小于 80%。

实战演练与考核

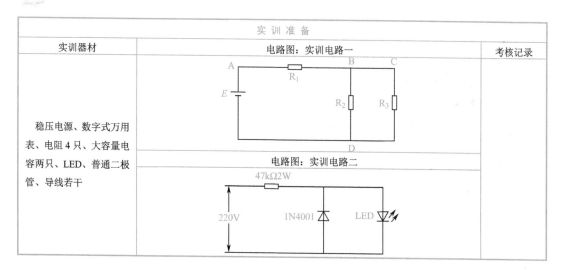

实训准备		
实训器材	电路图：实训电路一	考核记录
稳压电源、数字式万用表、电阻4只、大容量电容两只、LED、普通二极管、导线若干	电路图：实训电路二	

续表

	实 训 准 备		
		实训电路一	
元件的检测	实训步骤	元件检测记录	考核记录
	用万用表逐一测量电阻的阻值	R₁ 测量值_____ R₂ 测量值_____ R₃ 测量值_____	
电路测试	实训步骤	测量记录	考核记录
	①按照电路图将实物连接起来； ②调整稳压电源，输出 12V 的直流电压； ③用万用表测量输出电压； ④测量各个电阻两端的电压值； ⑤测量各个电阻上流过的电流值	稳压电源的实际输出电压值_____ R₁ 两端电压值_____ R₂ 两端电压值_____ R₃ 两端电压值_____ R₁ 上流过的电流值_____ R₂ 上流过的电流值_____ R₃ 上流过的电流值_____	
		实训电路二	
元件的检测	实训步骤	元件检测记录	考核记录
	①用万用表测量电阻的阻值； ②用万用表检测 1N4001、LED 的性能是否正常	电阻的阻值_____ 1N4001 的性能_____ LED 正向压降_____	
电路测试	实训步骤	测量记录	考核记录
	①按照电路图将实物连接起来； ②调整稳压电源，输出 220V 的交流电压； ③用万用表测量输出电压； ④测量元件电压	稳压电源的实际输出电压值_____ 电阻两端的电压值_____ 1N4001 的电压值_____	

任务评价

	实 训 小 结					
学生姓名		日期		自评	互评	师评
1. 你能正确选择测量挡位吗？						
2. 你能正确读懂数值吗？						
3. 在测量中手指能否与表笔接触？						
4. 每次测量电阻时，都要调零吗？						
5. 数字式万用表可以测量交流电流吗？						
6. 在测量电容时可以判断电容的好坏吗？						
7. 你知道测量电流时万用表应与受测电路串联连接吗？						
8. 活动中环保意识及团队协作情况如何？						
学习体会 1. 你在活动中对哪个技能最有兴趣？为什么？						

续表

实 训 小 结						
学生姓名		日期		自评	互评	师评

2. 你认为活动中哪个技能最有用？为什么？

3. 你认为活动中哪个技能操作可以加以改进，使操作更方便实用？请写出改进方法和操作过程。

4. 你还有哪些要求与设想？

维修技巧一点通

【故障一】 交流各挡显示不回零。

故障现象 交流电流、电压各挡在无电压输入的情况下显示均不为零。

产生原因一 打开表壳仔细观察后发现，该表因长期使用，开关触片间被严重污染，凡开关触片经过的地方均有被铜粉末污染的黑色轨迹。这些污染则构成了一定量的容量不规则的伏打电池，其电压对测量机构产生作用，因此各挡显示不能回零。

解决方法 用棕毛刷蘸取航空汽油，清洗开关触片，再用清水洗净污染，晾干后交流各挡显示回零，故障排除。

产生原因二 在交流电压测量电路中有一只交流放大器，其输出端与输入端有一只反馈电容相连。反馈电容开路，高频信号将跟随被测信号直接进入测量机构，在无输入的情况下，外电场的干扰信号也会直接被放大，表现出不能回零的现象。

解决方法 更换交流放大器的反馈电容，故障即消除。

【故障二】 $20M\Omega$ 电阻挡不能回零，而且测量失效。

故障现象 在 200Ω、$2k\Omega$、$20k\Omega$ 等低阻挡测量正常，但拨至 $20M\Omega$ 电阻挡，无论被测电阻的大小，总显示出较稳定的固定值，根本无法正确显示被测电阻的阻值。

产生原因 开盖检查后发现，电池漏液较严重，已蔓延至印制电路板上，结果形成新的通路，使部分本无联系的电路彼此相通，估计漏液的等效电阻为 $9M\Omega$。在低电阻挡测量时，因漏液的电阻 $R_漏$ 的阻值远大于 $200\Omega \rightarrow 2k\Omega \rightarrow 20k\Omega$ 的量程范围，$R_漏$ 上分走的电流很小，漏液电阻的分流影响可以近似忽略，测量结果所受影响不大。随着量程范围的增大，$R_漏$ 的影响开始增大，到达 $20M\Omega$ 挡时，就出现了无论是否有被测电阻，都有稳定 $9M\Omega$ 的显示值。

解决方法 用干布擦除所有电池漏液，更换新电池，再开机检查，故障完全消失。

【故障三】 LCD 显示不完整。

故障现象 LCD 显示的数字笔画不完整，用力按压机壳，故障消失，稍一松手，故障再现。

产生原因 机壳内显示芯片引脚、引电橡胶及 LCD 显示屏字划电极间接触不良所致。

解决方法 取一片透明的塑料薄膜，剪成与 LCD 显示屏同大小的一块垫在机壳显示

续表

名　称	图　示	相 关 功 能
功能量程选择开关		所有功能量程的转换均通过该旋钮开关来完成
功能量程挡位表		DCV：直流电压挡位，分为 200mV、2000mV、20V、200V 和 1000V 五挡 ACV：交流电压挡位，分为 200V、750V 两挡 DCA：直流电流挡位，分为 200μA、2000μA、20mA、200mA 和 10A 五挡 Ω：电阻挡位，分为 200Ω、2000Ω、20kΩ、200kΩ 和 2000kΩ 五挡 h_{FE}：三极管放大倍数挡位 ⎓▷⎮：测量二极管正向压降和线路通断挡位 OFF：测量完毕后转换开关放置处
表笔插孔		"COM"为公共端，插入黑表笔；"VΩmA"为正极端，在测电阻、电压和小于 200mA 的直流电流时插入红表笔；"10ADC"在测量 200mA～10A 的直流电流时，插入红表笔
（1）三极管测试插座 （2）三极管放大倍数挡位	（1） （2）	首先将功能量程选择开关旋转至 h_{FE} 挡，然后将待测三极管的集电极、基极和发射极分别插入"C"、"B"、"E"插孔（注意区分三极管是 NPN 型还是 PNP 型），即可测量三极管的放大倍数

二、数字式万用表的使用方法

　　与指针式万用表不同，数字式万用表无须调零，测量前，只需要根据测量的项目选择好适当的量程就可以开始测量了。具体测量方法如表 2-2-2 所示。

表 2-2-2　数字式万用表的测量方法

内　容	测量方法
测量直流与交流电压	将黑表笔插入"COM"插孔，红表笔插入"VΩmA"插孔中。将功能开关置于直流电压挡 DCV 量程范围（测量交流电压时应置于 ACV 挡位），并将测试表笔连接到待测电源（测量开路电压）或负载上（测量负载电压降），红表笔所接端的极性将同时显示于显示屏上（ACV 时无极性显示）。如果在数值左边出现"−"，则表明表笔极性与实际电源极性相反，此时红表笔接的是负极。 注意：①如果待测电压范围未知，应将功能开关置于最大量程挡位，然后逐挡下拨，直到显示的数字适当为止。 ②当显示屏显示"1"时，表示待测电压超过量程，应更换更大的量程。

窗与 LCD 显示屏之间，再上紧后盖板螺钉，迫使内部组件紧密接触，结果 LCD 显示恢复正常。

【故障四】 LCD 显示的小数点错位。

故障现象 电压、电流、电阻各挡小数点显示位与应显示位不一致。

产生原因 开盖检查发现，开关盘定位爪断裂损坏，动触片着力不匀而变形，变形后的动触片在该接通的位置没有接通，却在不该接通的相邻位置接通了，导致了小数点错位。

解决方法 更换变形的动触片后，故障完全消除。

【故障五】 直流电压挡测量结果前后不一致。

故障现象 对一稳定的 100V 直流电压进行测量，开始显示为 105.1V，2min 后变为溢出显示。

产生原因 经检查是该万用表所用电池电量不足所致。当电池欠电压时，该万用表模数变换器中的标准电压不断发生偏离，于是示数误差将随着电池性能的不断下降而增大，时间越长，示数误差越明显。

解决方法 更换万用表电池即可。

【故障六】 交流电压高压挡总是溢出显示。

故障现象 交流电压 750V 挡测量 50V 交流电压时，溢出显示。

产生原因 开盖检查后发现，与输入通道相连的定触片间有电弧烧伤的痕迹。该处胶木板因被烧伤炭化而被击破，使本应该经分压器分压的外界被测电压直接传到了放大器的输入端，由于该被测电压远大于放大器正常状态的输入电压，迫使 LCD 溢出显示。

解决方法 用刀片剔除电路板上烧伤的焦木，故障排除。

【故障七】 电容挡有多挡溢出显示。

产生原因 经查实，因开关定触片上的阻焊膜过多，阻碍定触片、动触片间的良好接触，使得单稳态电路中的定时电阻没有参与工作，单稳态触发器的 1、2 端就没有电源电压的作用，结果表现为电容挡溢出显示。

解决方法 用刀片剔除触片上多余的阻焊膜，故障被消除。

【故障八】 基本电压挡正常，但其余电压挡总显示为零。

产生原因 直流电压测量电路中的排在首位的分压电阻开路，造成输入信号与测量机构间的通路被切断。因此，除基本电压挡外，无论外加多大的输入电压都不能传入测量机构，显示始终为零。

解决方法 找到受损的分压电阻，更换后故障被消除。

【故障九】 电压各挡显示不回零。

产生原因 经细查发现，COM 与 V/Ω 之间的污染是主要原因。如果万用表的封盖螺钉未上紧，或插座上的密封垫松动，外界潮湿的气体浸入后发生化学反应，随着时间的推移，反应物的浓度不断增加，所带电荷不断积累，最终形成原电池，如果原电池为正，则 LCD 显示正值，反之，则 LCD 显示负值。

解决方法 打开表壳，在 COM 与 V/Ω 插座间先用卫生纸吸潮，再用酒精棉清洗，待晾干后通电检查，故障消除。

任务3 钳形电流表的正确使用与维护

工作任务

（1）利用钳形电流表进行在路测量。
（2）利用钳形电流表测量三相交流电动机的启动电流和空载电流。

相关知识

钳形电流表简称钳形表，俗称钳表、卡表、勾表，是一种无须断开电源和线路，就可直接测量运行中的电气设备和线路工作电流的携带式仪表，特别适合不便拆线或不能切断电源的场合测量。利用此特点可对各种供电和用电设备及线路进行随机电流检测，以便及时了解设备和线路的运行状况。因此，钳形电流表在变电站、发电厂、工矿企业以及家电检修部门、电工维修部门得到了广泛的应用，是电工作业最常用的电测仪表之一。

一、认识钳形电流表

1. 钳形电流表的分类

钳形电流表按显示方式分为指针式和数字式，外形如图 2-3-1 所示。钳形表的用途广泛，根据功能不同，可分为交流钳形电流表、多用钳形电流表、谐波数字钳形电流表、泄漏电流钳形电流表以及交直流钳形电流表等，具有测量交、直流电流，交、直流电压和直流电阻以及电源频率等功能。

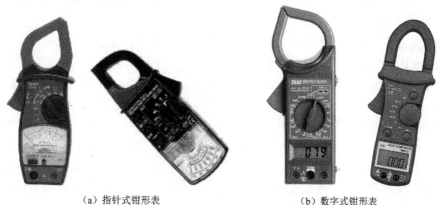

（a）指针式钳形表　　　　　　　　　（b）数字式钳形表

图 2-3-1　指针式、数字式钳形电流表实物图

数字式钳形表与指针式钳形表相比，其准确度、分辨力和测量速度等方面都有着极大的优越性。下面将以 DM6052⁺便携式数字钳形表为例，介绍其组成及使用方法。

DM6052⁺是一种能测量 2000A 电流的便携式数字式钳形表。其整机电路设计以双积分

1—钳口；2—扳机；3—旋转开关（用于选择功能量程）

4—MAX、PEAK、DH、B/L 按键开关；5—液晶显示屏；

6—"V/Ω"输入插孔；7—"COM"公共输入端（输入地）；

8—护手

图 2-3-2　DM6052⁺便携式数字钳形表操作面板说明

A/D 转换器为核心，全功能用单片机管理，能在不打开外壳的情况下调校所有量程；全功能有过载保护，仪表装有防浪涌放电器，能更好地保护仪表不被烧坏；可测量交直流电流、交/直流电压、电阻、通/断测试、最大值、峰值、二极管正向压降等参数；尤其适用于测量大电流和启动电流的场合。

2. 钳形电流表的组成

钳形电流表的工作部分主要由一只电磁式电流表和穿心式电流互感器组成。穿心式电流互感器铁芯制成活动开口，且成钳形，故名钳形电流表。钳形电流表的操作面板如图 2-3-2 所示。

二、钳形电流表的使用方法

1. 测量前的注意事项

钳形电流表使用方便，无须断开电源和线路即可直接测量运行中的电气设备的工作电流，便于及时了解设备的工作状况。因此，在测量前应注意以下几方面。

（1）要根据被测电流的种类、电压等级正确选择钳形电流表，被测线路的电压要低于钳形电流表的额定电压。测量高压线路的电流时，应选用与其电压等级相符的高压钳形电流表。低电压等级的钳形电流表只能测量低压系统中的电流，不能测量高压系统中的电流。

（2）在使用前要正确检查钳形电流表的外观情况，一定要检查表的绝缘性能是否良好，外壳应无破损，钳形铁芯的橡胶绝缘应完好无损，钳口扳手应清洁、干燥，无锈迹，闭合后无明显缝隙。由于钳形电流表要接触被测线路，所以钳形电流表不能测量裸导体的电流。测量 36V 以上交流电流时，为保证安全，手指不能越过挡手部分；进行电流测量前确保已将测试线从仪器上取下。用高压钳形表测量时，应由两人操作，测量时应戴绝缘手套，站在绝缘垫上，不得触及其他设备，以防止短路或接地。

（3）要将转换开关置于除 OFF 挡外的任一挡位置，即在开机状态检查电池电压，如果电池电压不足，🔋将显示在显示屏上，这时，则应更换电池。

2. 数字式钳形表的使用

在使用数字式钳形表测量电流之前，应确保已将被测试线从仪器上取下，随后按照

表 2-3-1 中的步骤依次进行。

表 2-3-1　数字式钳形表测量电流

内　容	测 量 方 法
测量交流电压	①将旋转开关拨至"AC700V"挡，将黑表笔插入"COM"插孔，红表笔插入"V/Ω"插孔。 ②将表笔并接于被测电路读取显示读数 注意： 当显示大于 36V 时，仪表显示"⚡"符号，提醒用户注意安全。当显示大于 710V 时，仪表显示 OL，表示输入电压已超过仪表允许值
测量直流电压	将旋转开关拨至"DC1000V"挡，将黑表笔插入"COM"插孔，红表笔插入"V/Ω"插孔。将表笔并接于被测电路读取显示读数。当显示读数小于 20V 时，请用 DC20V 量程测量 注意： 当显示大于 51V 时，仪表显示"⚡"符号，提醒用户注意安全。当显示大于 1010V 时，仪表显示 OL，表示输入电压已超过仪表允许值
测量交流电流	①测量电流前请确保测试表笔没有与仪表相连接。 ②将旋转开关拨至交流电流最高量程"AC2000A"挡。 ③按下扳机，张开钳口，钳住一根单独的导线（应尽量将导线置于闭合钳口的中心，钳口应完全闭合）直接读取读数。 ④当读数较小时，可将旋转开关拨至低量程挡 注意：如果钳入两根以上导线，测量将无法进行
测量直流电流	①在没有钳住任何电流导线的前提下，将量程开关拨至直流电流量程"DC200A"挡，等待仪表自动将显示调为"0.0"，仪表自动调零完毕蜂鸣器会自动响一声，然后才能开始正常测量电流。 ②将量程开关拨至直流电流最高量程"DC2000A"挡。钳住被测电流导线，应尽量将导线置于闭合钳口的中心，钳口应完全闭合，直接读取读数。当读数较小时，可将量程选择旋钮拨至低量程挡再测量。 注意： ①如果钳入两根以上不同的电流线，测量将无法进行。 ②每次开机后需测量直流电流时，须先拨到 200A 挡等待回零，回零后只要不关机，一般不需要重新调零。但如果连续长时间使用后，仪表显示不回零，可在直流电流挡长按"ZERO"键两秒，仪表会自动调零。
电阻及通断测量	①将旋转开关拨至 2kΩ 挡。 ②将黑表笔插入"COM"插孔，红表笔插入"V/Ω"插孔。 ③将表笔并接到测试电路或元件两端，读取电阻值。 ④当表笔开路时或输入过载时，显示屏会显示"OL"。
二极管正向压降测量	①将旋转开关拨至 ▶⊢ 挡，当输入端开路时仪表显示为过量程状态（即显示"OL"）。 ②将黑表笔插入"COM"插孔，红表笔插入"V/Ω"插孔。（红表笔极性为"+"） ③将表笔并接在被测二极管两端，读取正向压降。 ④当二极管反接或输入端开路时，显示屏会显示"OL"。
通断测试	①将旋转开关拨至◦)))挡，当输入端开路时仪表显示为过量程状态（即显示"OL"）。 ②将黑表笔插入"COM"插孔，红表笔插入"V/Ω"插孔。 ③将表笔并接在被测电路的两端上，若被检查两点之间的电阻值小于约 50Ω，蜂鸣器便会发出响声 注意： 被测电路必须在切断电源状态下检查通断，因为任何负载信号都可能会使蜂鸣器发声，导致错误判断

内　容	测 量 方 法
几个按键开关的用法	①读数保持功能（DH键）。按一下DH键可锁定显示数值，屏幕上会显示"DH"。再按一次DH键取消保持功能。 ②最大值保持功能（MAX键）。按一下MAX键可锁定当前显示最大数值，只有当被测值大于锁定值时，显示才会刷新。屏幕上会显示"MAX"。再按一次MAX键取消保持功能。 ③峰值测量功能（PEAK键）。将量程开关旋转到交流电压或交流电流量程，按一下PEAK键，当仪表显示"PH"符号后，再开始测量，仪表能捕捉10ms峰值。断开测量后，若需要显示归零或测其他功能，按一下"PEAK"键，仪表回到正常测量状态。 ④背光源（B/L）。当在弱光条件下进行测量时，可按一下背光源按钮（B/L），使背光源发光，以便清晰地读数。背光源耗电较大，使用时间超过6s时会自动关闭。

三、钳形电流表的维护与保管

钳形电流表携带方便，无须断开电源和拆线就可直接测量运行中电气设备的工作电流，便于及时了解设备的工作状况，因此在维修电器（如空调器等）中广泛使用。但在使用中应注重以下几点：

（1）测量前首先估计被测负载电流大小，并依此选择合适量程挡位。如无法估计时，为防止损坏钳形电流表，应选择最大量程开始测量，逐步变换至合适的量程。改变量程时应将钳形电流表的钳口张开。

（2）为避免或减小误差，测量时被测导线应尽量放置在钳形口的中心。

（3）测量时钳形电流表的钳口要接合紧密，如测量时有杂声存在，可重新开闭一次钳口，以使钳口接合好；或仔细检查、清除钳口杂物、污垢后再进行测量。

（4）测量小电流时，为了读数较为准确，可将被测导线绕几匝，匝数要以钳口中央的匝数为准，则读数＝显示÷匝数。

（5）测量结束应将量程挡位开关置于最高挡位置，以防下次使用时因疏忽大意未选合适量程就进行测量而损坏仪表。

此外，对钳形电流表还应做到定期的保养和校验，以便及时发现问题及隐患，确保正常使用。保养时，首先检查仪表外观各部件、各部分有无损伤，采用柔软的毛刷或棉布将浮尘擦掉，然后蘸少许无腐蚀性的溶剂或清水仔细擦净并擦干，保养时可将电池盒打开检查或擦洗，但不得将表壳打开。校验时，要选用性能完好的同类的仪表测量同一被测电流，其结果应当一致，否则说明被校的仪表已经失灵或损坏，须进行检定或修理。保养和校验的周期通常为三个月或者集中使用仪表的频度很高后均应进行保养或校验。

钳形电流表经保养或校验之后，应放在通风良好的室内货架或柜内保管；室内的空气中不应含有腐蚀和有害的成分；环境应干燥，温度要适宜，且符合仪表规定的要求；任何情况下电流表均不得受到剧烈的机械振动；内部装有电池的必须将其取出，防止电池漏液而损坏仪表；室内光线不可太强，严禁阳光直射到仪表上，因为其塑料外壳在阳光的照射下将会加速老化，而液晶显示屏则更是惧怕阳光照射。

实战演练与考核

项　　目		姓　　名		日　　期	
实训准备及步骤					

实训器材	实训电路	实训步骤
钳形电流表 1 块/组 三相笼型电动机 1 台/组 铜芯绝缘软线适量/组 常用工具 1 套/组	按铭牌要求画出接线图	①按电动机铭牌规定，接好接线盒内的连接片。 ②按规定接入三相交流电路，令其通电运行。 ③用钳形电流表检测启动瞬时启动电流和转速达到额定值后的空载电流，并记录有关测量数据。 ④导线在钳口绕两匝后，测空载电流，并记录有关测量数据。 ⑤在电动机空载运行时，人为断开一相电源（如取下某一相熔断器，用钳形电流表检测缺相运行电流（检测时间尽量短），测量完毕立即关断电源，并记录有关测量数据

测量记录			
钳形电流表型号		电动机型号	
正常工作状态电流/A	U	V	W
缺相运行状态电流/A			
简述钳形电流表的基本操作方法			

任务评价

考核内容	评分要素	配　　分	得　　分
准备工作	操作前能正确叙述钳形电流表的注意事项	30	
实际操作	能按要求用正确的挡位测量电动机的运行电流并读数	55	
收尾工作	实训完毕，关闭仪表，整理现场	15	
实训小结			

维修技巧一点通　　如何判断数字式仪表的故障点

数字式仪表具有很高的灵敏度和准确度，其应用几乎遍及所有企业。但数字式仪表故障出现的因素多种多样，且遇到问题的随机性大，没有太多规律可循，修理难度较大。这里介绍的是几种常用的判断故障点的方法。

寻找故障应先外后里，先易后难，化整为零，重点突破。其方法大致可分为以下几种。

1. 感觉法

凭借感官直接对故障原因做出判断，通过外观检查，能发现如断线、脱焊、搭线短路、熔丝管断、烧坏元件、机械性损伤、印制电路板上铜箔翘起及断裂等；可以触摸出电池、电阻、晶体管、集成块的温升情况，可参照电路图找出温升异常的原因。另外，用手还可检查元件有否松动、集成电路引脚是否插牢，转换开关是否卡滞；可以听到和嗅到有无异声、异味。

2. 测电压法

测量各关键点的工作电压是否正常，可较快找出故障点。例如，测量 A/D 转换器的工作电压、基准电压等。

3. 断路法

把可疑部分从整机或单元电路中断开，若故障消失，表示故障在断开的电路中。此法主要适合于电路存在短路的情况。

4. 测元件法

当故障已缩小到某处或几个元件时，可对其进行在线或离线测量。必要时，用好的元件进行替换，若故障消失，说明元件已坏。

5. 干扰法

利用人体感应电压作为干扰信号，观察液晶显示的变化情况，常用于检查输入电路与显示部分是否完好。

总之，一个出现了故障的数字仪表，只有经过适当的检测，分析出故障可能出现的部位，才能根据线路图找到故障位置进行更换和修复。因数字式仪表是较精密的仪表，更换元件一定要用参数相同的元件，特别是更换 A/D 转换器，一定要采用生产厂家经严格筛选的集成块，否则将出现误差而达不到所需准确度。新换的 A/D 转换器，也需要认真进行检查，切不可因其新而置信不疑。

项目核心内容小结

（1）万用表分为指针式和数字式两类，是电工、电子测量中最常用的工具之一，它具有测量电流、电压和电阻等多种功能。有的万用表还可以用来测量电容、电感以及二极管、晶体管的某些参数。

（2）钳形电流表是一种无须断开电源和线路即可直接测量运行中的电气设备和线路工作电流的携带式仪表，特别适合不便拆线或不能切断电源的场合测量。利用此特点可对各种供电和用电设备及线路进行随机电流检测，以便及时了解设备和线路的运行状况。

（3）万用表和钳形电流表是两种用途广泛的基础测量仪表，严格地按照操作规范的要求正确使用仪表进行测量，不仅可以保证人身安全和仪表安全，还是使测量结果准确无误的前提和保障。

示波器的使用与维护

项目说明

示波器是一种用于观察和测量电信号的综合性电子测量仪器。一切可以转化为电压的其他电学量（如电流、电功率、阻抗、位相等）和非电学量（温度、位移、压强、磁场、频率等），以及它们随时间的变化过程，都可以用示波器来进行实时观察。

通过示波器可以直观地观察被测电路的波形，包括形状、幅度、频率（周期）、相位，还可以对两个波形进行比较，从而迅速、准确地找到被测电路的故障原因。因此，正确、熟练地使用示波器，是进行科学研究以及检测、修理各种电子仪器的一项重要的基本功。

项目要求

（1）了解示波器的结构、工作原理、基本用途及工作特点。

（2）熟悉示波器按键及各旋钮的用途，熟练掌握其使用方法。对于给定的被测信号能够迅速而正确地调出清晰而稳定的波形，并掌握电压幅度和周期等物理量的测量，严格按照误差及有效数字标准进行读数。

（3）对于操作过程中出现的问题能够积极进行思考，独立解决。

项目计划

时间：6课时。

地点：电子实验室、电器维修部、电子工艺实训室。

项目实施

（1）走访电子实验室工作人员、电器维修部的维修人员等，了解示波器在实际中的使用情况（主要用途、性能方面的优势等），并将走访结果进行整理后，在小组内汇报。

（2）对照示波器的使用说明，对示波器的旋钮功能、使用方法进行探究，并将探究结果进行组间交流；教师就学生交流过程中发现的问题给予适时的指导、点评。

（3）结合实训任务进行实际操作，教师对学生的操作给予适时的指导、点评。

任务 1　认识模拟示波器

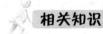
工作任务

（1）对示波器的主要功能有清楚的认识。
（2）能够准确说出示波器面板上各个区的组成及各旋钮的作用。
（3）通过调节示波器面板上的各旋钮，加深对旋钮作用的理解。

相关知识

一、示波器的功能及分类

示波器是一种综合性电信号显示和测量仪器，它不但能像电压表、电流表那样读出被测信号的幅度（注意：电压表，电流表若无特殊说明，读出的数值为有效值），还能像频率计、相位计那样测试信号的周期（频率）和相位，而且还能用来观察信号的失真，测量脉冲波形的各种参数等，常用于观察和测量电信号随时间变化的波形及变化规律。

示波器根据工作方式的不同主要分为模拟示波器和数字示波器两类（如图 3-1-1 所示）。其中，模拟示波器采用的是模拟技术，直接将模拟信号进行显示；而数字示波器则是集模拟与数字技术于一身，将模拟信号转换为数字信号显示。对于大多数的电子应用来说，两种示波器都是可以胜任的。其中，模拟示波器以其价格低廉、操作简单、垂直分辨率高、数据更新快、具有实时带宽和实时显示的优点而被广泛地应用。

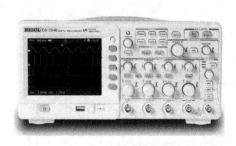
（a）数字示波器

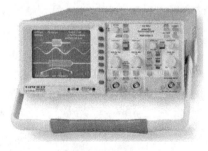
（b）模拟示波器

图 3-1-1　示波器

二、模拟示波器的组成和工作原理

模拟示波器的基本结构框图如图 3-1-2 所示。它由示波管显示电路、水平系统（X 轴信号通道）、垂直系统（Y 轴信号通道）、电源供给电路等组成。

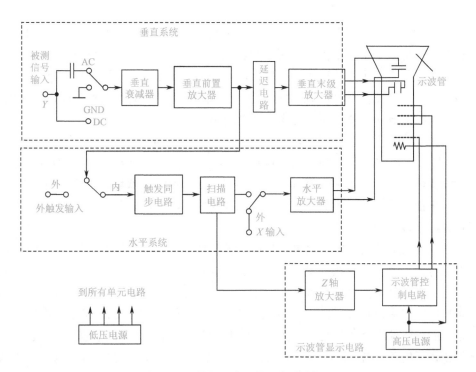

图 3-1-2　模拟示波器的基本结构框图

1. 示波管显示电路

示波管显示电路包括示波管及其控制电路两部分，主要作用是显示信号波形，并对波形进行亮度、清晰度、波形位置的控制。

1）示波管的结构

示波管是一种特殊的电子管，是示波器的一个重要组成部分。示波管由电子枪、偏转系统和荧光屏三部分组成，如图 3-1-3 所示。

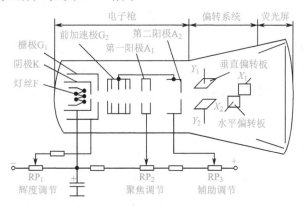

图 3-1-3　示波管结构示意图

（1）电子枪。电子枪由灯丝 F、阴极 K、栅极 G_1、前加速极 G_2、第一阳极 A_1 和第二阳极 A_2 组成。灯丝通电后加热阴极，使阴极发热并发射电子，经栅极 G_1 顶端的小孔、前加速极 G_2 圆筒内的金属限制膜片、第一阳极 A_1、第二阳极 A_2 汇聚成可控的电子束冲击荧光屏使之发光。栅极 G_1 套在阴极外面，对阴极发射出的电子起控制作用。调节栅极电位可以控制射向荧光屏的电子流密度，进而控制荧光屏上波形的亮度。栅极电位越高，电子流密度越大，荧光屏上显示的波形越亮；反之，栅极电位越低，电子流密度越小，荧光屏上显示的波形越暗。当栅极电位足够低时，荧光屏不显示光点。调节电阻 RP_1 即"辉度"调节旋钮，就可改变栅极电位，即改变显示波形的亮度。

第一阳极 A_1 的电位远高于阴极，第二阳极 A_2 的电位高于 A_1，前加速极 G_2 位于栅极 G_1 与第一阳极 A_1 之间，且与第二阳极 A_2 相连。G_1、G_2、A_1、A_2 构成电子束控制系统。调节 RP_2（"聚焦"调节旋钮）和 RP_3（"辅助聚焦"调节旋钮），即第一、第二阳极的电位，可使发射出来的电子形成一条高速且聚集成细束的射线，冲击到荧光屏上会聚成细小的亮点，以保证显示波形的清晰度。

（2）偏转系统。偏转系统由水平（X 轴）偏转板和垂直（Y 轴）偏转板组成。两对偏转板相互垂直，每对偏转板相互平行，其上加有偏转电压，形成各自的电场。电子束从电子枪射出之后，依次从两对偏转板之间穿过，受电场力作用，电子束产生偏移。其中，垂直偏转板控制电子束沿垂直（Y）轴方向上下运动，水平偏转板控制电子束沿水平（X）轴方向运动，形成信号轨迹并通过荧光屏显示出来。例如，只在垂直偏转板上加一直流电压，如果上板正，下板负，电子束在荧光屏上的光点就会向上偏移；反之，光点就会向下偏移。可见，光点偏移的方向取决于偏转板上所加电压的极性，而偏移的距离则与偏转板上所加的电压成正比。示波器上的"X 位移"和"Y 位移"旋钮就是用来调节偏转板上所加的电压值，以改变荧光屏上光点（波形）的位置。

（3）荧光屏。荧光屏内壁涂有荧光物质，形成荧光膜。荧光膜在受到电子冲击后能将电子的动能转化为光能形成光点。当电子束随信号电压偏转时，光点的移动轨迹就形成了信号波形。

由于电子打在荧光屏上，仅有少部分能量转化为光能，大部分则变成热能。所以，使用示波器时，不能将光点长时间停留在某一处，以免烧坏该处的荧光物质，在荧光屏上留下不能发光的暗点。

2）波形显示原理

电子束的偏转量与加在偏转板上的电压成正比。将被测正弦电压加到垂直（Y 轴）偏转板上，通过测量偏转量的大小就可以测出被测电压值。但由于水平（X 轴）偏转板上没有加偏转电压，电子束只会沿 Y 轴方向上下垂直移动，光点重合成一条竖线，无法观察到波形的变化过程，如图 3-1-4 所示。为了观察被测电压的变化过程，就要同时在水平（X 轴）偏转板上加一个与时间成线性关系的周期性的锯齿波。电子束在锯齿波电压作用下沿 X 轴方向匀速移动即"扫描"，如图 3-1-5 所示。在垂直（Y 轴）和水平（X 轴）两个偏转板的共同作用下，电子束在荧光屏上就会显示出波形的变化过程，如图 3-1-6 所示。

水平偏转板上所加的锯齿波电压称为扫描电压。当被测信号的周期与扫描电压的周期相等时，荧光屏上只显示一个正弦波。当扫描电压的周期是被测电压周期的整数倍时，荧光屏上将显示多个正弦波。示波器上的"水平扫描速度"旋钮就是用来调节扫描电压周期的。

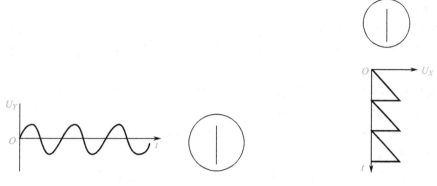

图 3-1-4　只在竖直偏置板上加正弦电压的情形　　　图 3-1-5　只在水平偏置板上加一锯齿波电压的情形

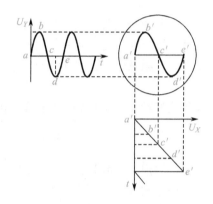

图 3-1-6　示波器显示正弦波的原理

2．水平系统

水平系统主要由触发同步电路、扫描电路、水平放大电路三部分组成，结构框图如图 3-1-7 所示。其主要作用是：产生锯齿波扫描电压并保持与 Y 通道输入被测信号同步，放大扫描电压或外触发信号，产生增辉或消隐作用以控制示波器 Z 轴电路。

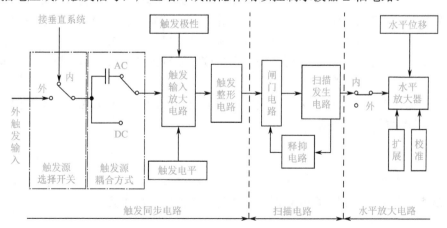

图 3-1-7　水平系统结构框图

1）触发同步电路

触发同步电路的主要作用：将触发信号（内部 Y 通道信号或外触发输入信号）经触发放大电路放大后，送到触发整形电路以产生前沿陡峭的触发脉冲，驱动扫描电路中的闸门电路。

（1）触发源选择开关：用来选择触发信号的来源，使触发信号与被测信号相关。

①内触发：触发信号来自垂直系统的被测信号。

②外触发：触发信号来自示波器"外触发输入（EXT TRIG）"端的输入信号。

一般选择内触发方式。

（2）触发源耦合方式开关：用于选择触发信号通过何种耦合方式送到触发输入放大器。"AC"为交流耦合，用于观察低频到较高频率的信号；"DC"为直流耦合，用于观察直流或缓慢变化的信号。

（3）触发极性选择开关：用于选择触发时刻是在触发信号的上升沿还是下降沿。用上升沿触发的称为正极性触发；用下降沿触发的称为负极性触发。

（4）触发电平旋钮：触发点处于触发信号的高电平或低电平上。触发电平旋钮用于调节触发电平高低。

示波器上的触发极性选择开关和触发电平旋钮，用来控制波形的起始点并使显示的波形稳定。

2）扫描电路

扫描电路主要由扫描发生器、闸门电路和释抑电路等组成。扫描发生器用来产生线性锯齿波。闸门电路的主要作用是在触发脉冲作用下，产生急升或急降的闸门信号，以控制锯齿波的始点和终点。释抑电路的作用是控制锯齿波的幅度，达到等幅扫描，保证扫描的稳定性。

3）水平放大器

水平放大器的作用是进行锯齿波信号的放大或在 $X—Y$ 方式下对 X 轴输入信号进行放大，使电子束产生水平偏转。

（1）工作方式选择开关。选择"内"，X 轴信号为内部扫描锯齿波电压时，荧光屏上显示的波形是时间 T 的函数，称为"$X—T$"工作方式；选择"外"，X 轴信号为外输入信号，荧光屏上显示水平、垂直方向的合成图形，称为"$X—Y$"工作方式。

（2）水平位移旋钮。该旋钮用来调节水平放大器输出的直流电平，以使荧光屏上显示的波形水平移动。

（3）扫描扩展开关。该开关可改变水平放大电路的增益，使荧光屏水平方向单位长度（格）所代表的时间缩小为原值的 $1/k$。

3．垂直系统

垂直系统主要由输入耦合选择器、衰减器、延迟电路和垂直放大器等组成，见图 3-1-2。其作用是将被测信号送到垂直偏转板，以再现被测信号的真实波形。

1）输入耦合选择器

选择被测信号进入示波器垂直通道的耦合方式。耦合方式分为以下三种。

（1）"AC"（交流耦合）：只允许输入信号的交流成分进入示波器，用于观察交流和不含直流成分的信号。

（2）"DC"（直流耦合）：输入信号的交、直流成分都允许通过，适用于观察含有直流成分的信号或频率较低的交流信号及脉冲信号。

（3）"GND"（接地）：输入信号通道被断开，示波器荧光屏上显示的扫描基线为零电平线。

2）衰减器

衰减器用来衰减大输入信号的幅度，以保证垂直放大器输出不失真。示波器上的"垂直灵敏度"开关即为该衰减器的调节旋钮。

3）垂直放大器

垂直放大器为波形幅度的微调部分，其作用是与衰减器配合，将显示的波形调整到适宜于人眼观察的幅度。

4）延迟电路

延迟电路的作用是使作用于垂直偏转板上的被测信号延迟到扫描电压出现后到达，以保证输入信号不失真地显示出来。

4. 电源供给电路

电源供给电路的功能是为垂直系统、水平系统及示波管显示电路提供所需的负高压、灯丝电压等。

三、MOS—620CH 型双踪示波器简介

MOS—620CH 型双踪示波器是一种便携式通用双踪示波器，如图 3-1-8 所示。垂直工作带宽为 DC～20MHz；直接输入方式下最大输入峰值电压为 300V (峰-峰值)；垂直最大灵敏度为 5mV/DIV，最大扫描速度为 0.2μs/DIV，并可扩展 10 倍使扫描速度达到 20ns/DIV。该示波器采用 6 英寸并带有刻度的矩形 CRT，操作简单，稳定可靠。

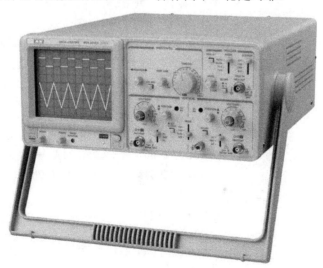

图 3-1-8　MOS—620CH 型双踪示波器

1. MOS—620CH 型双踪示波器特性

（1）高亮度及高加速极电压 CRT：这种示波器速度快，亮度高。加速极电压为 2000V，即使在高速扫描的情况下也能显示清晰的轨迹。

（2）交替触发功能：可以观察两个频率不同的信号波形。

（3）电视信号同步功能：该示波器具有同步信号分离电路，可保持与电视场信号和行信号的同步。

（4）X—Y 操作：当设定在 X—Y 位置时，该仪器可作为 X—Y 示波器，CH1 为水平轴，CH2 为垂直轴。

2. MOS—620CH 型双踪示波器主要技术指标

MOS—620CH 型双踪示波器主要技术指标如表 3-1-1 所示。

表 3-1-1　MOS—620CH 型双踪示波器主要技术指标

项目 / 指标		20MHz 示波器 MOS—620CH
垂直系统	灵敏度	5mV～5V/DIV，按 1—2—5 顺序分 10 挡
	精度	≤3%
	微调灵敏度	1/2.5 或小于面板指示刻度
	频宽	DC～20MHz
		交流耦合：小于 10Hz（对于 100Hz　8DIV 频响-3dB）
	上升时间	约 17.5ns
	输入阻抗	约 1MΩ/25pF
	方波特性	前冲：≤5%（在 10mV/DIV 范围内）
		其他失真：在该值上加 5%
	DC 平衡移动	5mV～5V/DIV：±0.5DIV
	线性	当波形在格子中心垂直移动时（2DIV）幅度变化<±0.1DIV
	垂直模式	CH1：通道 1　　　　CH2：通道 2
		DUAL：通道 1 与通道 2 同时显示，任何扫描速度可选择交替或断续方式
		ADD：通道 1 与通道 2 做代数相加
	断续重复频率	约 250kHz
	输入耦合	AC　GND　DC
	最大输入电压	300V(峰-峰值)值（AC：频率≤1kHz）
		当探头设置在 1∶1 时最大有效读出值为 40V(峰-峰值)（14V$_{rms}$ 正弦波形）
		当探头设置在 10∶1 时最大有效读出值为 400V(峰-峰值)（140V$_{rms}$ 正弦波形）
	共模抑制比	在 50kHz 正弦波时>50∶1（设定 CH1 和 CH2 的灵敏度在相同的情况下）
	两通道之间的绝缘（5mV/DIV 范围）	>1000∶1　　50kHz
		>30∶1　　20MHz
	CH2　INV　BAL	平衡点变化率≤1DIV（对应于刻度中心）
触发	触发信号源	CH1、CH2，LINE，EXT（在 DUAL 或 ADD 模式时，CH1、CH2 仅可选用一个），在 ALT 模式时，如果 TRIG.ALT 的开关按下，可以用作两个不同信号的交替触发

指标＼项目		20MHz 示波器 MOS—620CH
触发	耦合	AC：20Hz～20MHz
	极性	+/−
	灵敏度	20Hz～2MHz：0.5DIV　TRIG—ALT：2DIV　EXT：200mV
		2～20MHz：1.5DIV
		TRIG—ALT：3DIV　EXT：800mV
		TV：同步脉冲>1DIV　（EXT：1V）
	触发模式	AUTO：自动。当没有触发信号输入时，扫描工作在自由模式下（适用于频率大于 25Hz 的重复信号）。 NORM：常态。当没有触发信号时，踪迹处在待命状态并不显示。 电视场：当想要观察一场的电视信号时。 电视行：当想要观察一行的电视信号时。 （仅当同步信号为负脉冲时，方可与电视场和电视行同）
	外触发模式信号 输入阻抗	约 1MΩ/25pF
	最大输入电压	300V（DC+AC 峰值）AC 频率不大于 1kHz
水平系统	扫描时间	0.2μs～0.5s/DIV，按 1—2—5 顺序分 20 挡
	精度	±3%
	微调	≤1/2.5 面板指示刻度
	扫描扩展	10 倍
	×10MAG 扫描时间精度	±5%（20～50ns 未校正）
	线性	±3%，×10MAG：±5%（20～50ns 未校正）
	由×10MAG 引起的位移	在 CRT 中心小于 2DIV
X—Y 模式	灵敏度	同垂直轴
	频宽	DC～500kHz
	X—Y 相位差	小于或等于 3°（DC～50kHz 之间）
校正信号	波形	方波
	频率	约 1kHz
	占空比	小于 48：52
	输出电压	2V（峰−峰值）±2%
	输出阻抗	约 1kΩ
CRT 示波管	规格	6 英寸，矩形，内部刻度
	磷光粉规格	P31
	加速极电压	约 2kV　20MHz，约 12kV　40MHz
	有效屏幕面积	8×10DIV[1DIV=10mm（0.39 英寸）]
	刻度	内部
	轨迹旋转	面板可调

3. MOS—620CH 型双踪示波器的工作参数

1）电源要求

电压：固定 AC 220V±10%　或 110/220V±10%可转换（需预先提出）

频率：50Hz/60Hz

功耗：约 40V·A

2）工作环境（室内使用）

海拔：2000m

环境温度：10～35℃

最大工作范围：0～40℃

湿度：85%RH，干燥

机械尺寸：310mm×150mm×455mm

质量：约 8kg

存储温度：−10～70℃

四、MOS—620CH 型双踪示波器面板介绍

1. 面板组成

MOS—620CH 型双踪示波器面板部件繁多，按照功能可分为四个区：显示及控制区、垂直扫描控制区、触发扫描控制区、水平扫描控制区等，如图 3-1-9 所示。其前面板如图 3-1-10 所示。

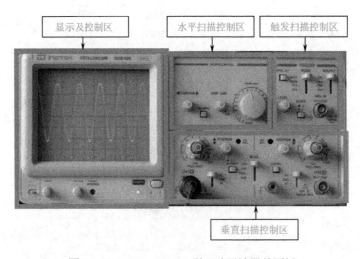

图 3-1-9　MOS—620CH 型双踪示波器前面板

2. 各功能区的组成及相关旋钮的功能

1）显示及控制区

显示及控制区域可显示信号波形，利用相关旋钮可以对信号波形进行亮度、清晰度调整，如表 3-1-2 所示。

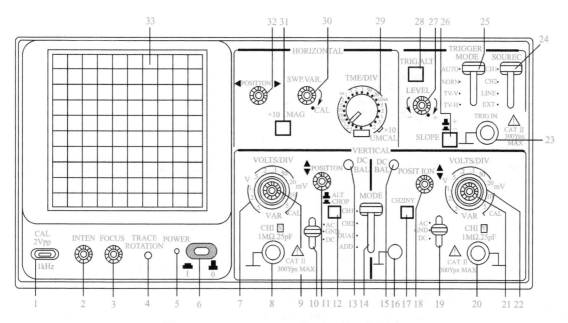

图 3-1-10　MOS—620CH 型双踪示波器前面板

表 3-1-2　显示及控制区旋钮功能

序　号	名　　称	功　　能
1	CAL（示波器校正信号输出端） CAL 2Vp-p 1 kHz	提供一个幅度为 2V(峰-峰值)、频率 1kHz 的方波信号，用于校正 10：1 探头的补偿电容器和检测示波器垂直与水平的偏转因数。可用来判断示波器自身工作是否正常
2	INTEN（辉度调节旋钮） INTEN	调节轨迹或亮点的亮度
3	FOCUS（聚焦旋钮） FOCUS	调节轨迹或亮点的聚焦，使光迹的清晰度达到最佳状态
4	TRACE ROTATION（光迹旋转半可变电位器） TRACE ROTATION	水平平衡旋钮。调节电位器阻值可使轨迹与水平刻度线相平行
6	POWER（电源开关按钮及指示灯） POWER	按下此按钮时电源接通，其左侧的发光二极管指示灯 5 亮，示波器处于工作状态。按钮弹起时，电源断开，灯灭，示波器处于关闭状态

续表

序 号	名 称	功 能
33	显示屏	显示信号波形

2）垂直扫描控制区

垂直扫描控制区域旋钮不仅可以对信号波形进行垂直方向上的大小及位置的调整，还可对输入信号波形的耦合方式、显示方式、显示模式等进行设定，如表 3-1-3 所示。

表 3-1-3　垂直扫描控制区旋钮功能

序 号	名 称	功 能
7、22	VOLTS/DIV（垂直衰减旋钮）	调节垂直偏转灵敏度，从 5mV/DIV～5V/DIV，共 10 个挡位。当 VAR 旋钮处于校正（CAL）位置时，其挡位表示显示屏上垂直一大格对应的电压值 挡位指示：在 VAR 旋钮处于校正位置时，白线所指位置为当前显示屏上垂直每格代表的电压值
8	CH1X（通道 1）	被测信号输入端，在 $X—Y$ 模式下，作为 X 轴输入端
20	CH2Y（通道 2）	被测信号输入端，在 $X—Y$ 模式下，作为 Y 轴输入端
9、21	VAR（垂直微调旋钮）	微调灵敏度大于或等于 1/2.5 标示值，顺时针旋到底为校正（CAL）位置，此时，灵敏度为挡位标示值。当测量波形电压值时，此旋钮要顺时针旋到底，否则测量不准 此为校正位置
10、19	AC、GND、DC（输入信号耦合选择开关）	可用于选择被测信号进入垂直通道的耦合方式。"AC"：交流耦合（只允许交流信号输入，禁止直流或极低频信号输入）；"DC"：直流耦合（输入信号中的交、直流分量均能输入）；"GND"：接地（隔离信号输入，示波器产生一个零电压参考信号）
11、18	POSITION（垂直位置调节旋钮）	可调节波形在荧光屏上的垂直位置

续表

序 号	名 称	功 能
12	ALT/CHOP（交替/断续选择按钮） ■ ALT ▬ CHOP	双踪显示时，可选择信号波形是交替还是断续的显示方式。此按钮弹起时，通道 1 和通道 2 的信号交替显示，适用于观测频率较高的信号波形；按下此按钮时，通道 1 和通道 2 的信号将同时断续显示，适用于观测频率较低的信号波形
13、15	DC BAL（CH1、CH2 通道直流平衡调节旋钮） VERTICAL	将 CH1 和 CH2 的输入信号耦合选择开关设定为 GND、触发方式为自动，将光迹调到中间位置，在 5mV 与 10mV 之间反复转动垂直衰减开关，调整该旋钮使光迹保持在零水平线上不移动为止
14	MODE（垂直操作模式选择键） MODE CH1 CH2 DUAL ADD DUAL 显示方式　　　　ADD 显示模式	可改变信号显示的模式。CH1：单独显示通道 1 输入的信号波形；CH2：单独显示通道 2 输入的信号波形；DUAL：同时显示两个通道输入的信号波形；ADD：显示两个通道信号的代数和（CH1+CH2）；按下 CH2 INV 时，显示两个通道信号的差（CH1-CH2）
17	CH2 INV（通道 2 反向按钮） CH2 INV 按下反向按钮前　　　　按下反向按钮后	按下此按钮时，通道 2 的输入信号以及触发信号同时反向
16	GND	示波器机箱接地端子

3）触发扫描控制区

利用触发和扫描控制区域的选择开关可以合理地选择触发源，并对触发模式、触发极性进行设定，从而使波形能清晰稳定地显示，便于观察和研究，如表 3-1-4 所示。

表 3-1-4　触发扫描控制区端子、按键功能

序 号	名 称	功 能
23	TRIG IN（外触发信号输入端） TRIG IN 1MΩ//25pF CAT II 300Vp-p MAX	用于输入外部触发信号，当使用该功能时，"SOURCE"开关 24 应设置在 EXT 位置
24	SOURCE（触发源选择开关） SOURCE CH1 CH2 LINE EXT	CH1：当垂直系统工作模式开关 14 设定在 DUAL 或 ADD 时，选择通道 1 作为内部触发信号源；CH2：当垂直系统工作模式开关 14 设定在 DUAL 或 ADD 时，选择通道 2 作为内部触发信号源；LINE：选择交流电源作为触发信号源，不常用；EXT：选择 TRIG IN 端子 23 输入的外部信号作为触发信号源，不常用

5．探头与被测电路连接时的注意事项

（1）探头与被测电路连接时，探头的接地端务必与被测电路的地线相连。否则在悬浮状态下，示波器与其他设备或大地间的电位差可能导致触电或损坏示波器、探头或其他设备。

需要注意的是：如果被测试设备已经使用了保护接地系统，这时示波器的电源插头接地端子一定不要再接地，否则有烧坏设备的危险；在测试线与被测设备连接时，最好不要开机，如果无法避免，一定不要两手抓住测试线和被测试设备的金属部分，有电击危险（针对模拟示波器，尤其是采用 CRT 管的那类）。

（2）测量建立时间短的脉冲信号和高频信号时，请尽量将探头的接地导线与被测点的位置邻近。接地导线过长，可能会引起振铃或过冲等波形失真。

（3）为避免接地导线影响对高频信号的测试，建议使用探头的专用接地附件。

（4）为避免测量误差，请务必在测量前对探头进行检验和校准。

（5）对于高压测试，要使用专用高压探头，分清楚正负极后，确认连接无误才能通电开始测量。

（6）对于两个测试点都不处于接地电位的情况，要进行"浮动"测量，也称差分测量，要使用专业的差分探头

实战演练与考核

（1）示波器的主要功能有哪些？

（2）示波器面板主要分哪几个区？在图 3-1-14 上标出。

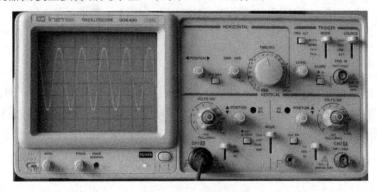

图 3-1-14　示波器面板

（3）试着调节示波器面板上各旋钮，分别说出它们的作用。

任务评价

学生姓名		日　期		自　评	互　评	师　评
1．你能正确说出示波器的主要功能吗？						
2．你能正确指出示波器面板上的几个区吗？						
3．你了解各个区的旋钮或按键的功能吗？						

序　号	名　　称	功　　能
25	MODE（触发模式选择开关） 	AUTO（自动）：当没有触发信号输入时，扫描处在自动模式下，一般在直流测量以及信号振幅非常低，低到无法触发扫描的情况下使用； NORM（常态）：当没有触发信号输入时，踪迹处在待命状态并不显示； TV-V（电视场）：可用于观察一场的电视信号；TV-H（电视行）：可用于观察一行的电视信号（仅当同步信号为负脉冲时，方可同步电视场和电视行信号）
26	SLOPE（触发极性选择按钮） 	按钮弹起时为"+"，上升沿触发；按下时为"−"，下降沿触发
27	LEVEL（触发电平调节旋钮） 	显示一个同步的稳定波形，并设定一个波形的起始点。向"+"方向旋转时，触发电平向上移动，向"−"方向旋转时触发电平向下移动。当波形在水平方向移动无法稳定时使用
28	TRIG.ALT（触发源交替按钮） 	当垂直系统工作模式开关 14 设定在 DUAL 或 ADD，且触发源选择开关 24 选择 CH1 或 CH2 时，按下此按钮，示波器会交替选择 CH1 或 CH2 作为内部触发信号源，即在双通道工作时，按下此按钮，可选择交替触发，此时 CH1 和 CH2 波形没有相位关系。测量相位差时，此按钮应处于弹起状态。 ①不同频率信号的双踪显示： 未按下 TRIG.ALT 时： 触发源置于 CH1，通道2 信号不能稳定显示　　触发源置于 CH2，通道1 信号不能稳定显示 按下 TRIG.ALT 后，两通道信号均能稳定显示，但应注意此时两波形没有相位关系。 ②同频率信号的双踪显示： 未按下 TRIG.ALT 按钮时的显示情况，此时可比较两波形的相位差 按下触发交替按钮后的显示情况，相位关系已发生改变，所以此时不能比较相位差

4）水平扫描控制区

水平扫描控制区域的旋钮可以调节波形在水平方向上的位置及显示情况，如表 3-1-5 所示。

表 3-1-5　水平扫描控制区旋钮功能

序　号	名　　称	功　　能
29	TIME/DIV（水平扫描速度旋钮） 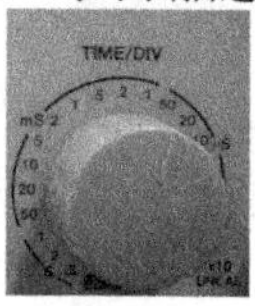	扫描速度从 0.2μs/DIV 到 0.5s/DIV 共 20 挡。当 SWP VAR 旋钮 30 处于校正（CAL）位置时，其挡位表示显示屏上水平一大格对应的时间间隔。当设置到 X—Y 位置时，示波器可工作在 X—Y 方式。此时通道 1 为 X，通道 2 为 Y。顺时针旋到底的 ×10 UNCAL 为未校准标示，表示在这两个挡位，当（×10 MAG）按钮 31 按下时，水平时间的准确性不在规格保证范围内。  挡位指示标志
30	SWP VAR（水平扫描微调旋钮） 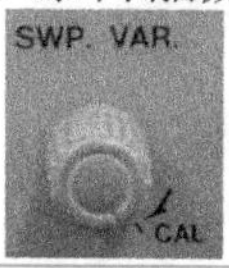	微调水平扫描时间，使扫描时间被校正到与面板上"TIME/DIV"指示值一致。顺时针旋转到底为校正（CAL）位置。测量信号周期频率时，要顺时针旋到底
31	×10 MAG（扫描扩展开关） 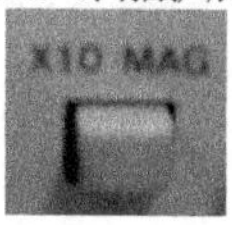	此按钮按下时，扫描速度将扩展 10 倍，信号水平方向放大 10 倍 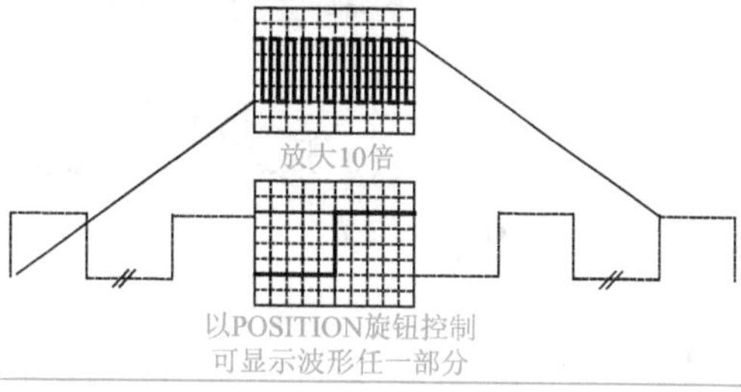 放大10倍　以POSITION旋钮控制可显示波形任一部分
32	POSITION（水平位置调节旋钮） 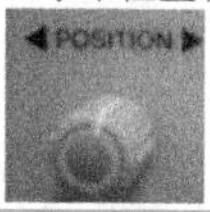	可调节显示波形在荧光屏上的水平位置

五、示波器探头

示波器探头（如图 3-1-11 所示）是连接被测电路与示波器输入端的电子部件，它对测量结果的准确性以及正确性至关重要，所以要求探头对探测电路的影响必须达到最小，并希望对测量值保持足够的信号保真度。如果探头以任何方式改变信号或改变电路运行方式，示波器会显示实际信号的失真结果，进而可能导致错误的测量结果，或者误导性的测量结果。因此，探头的正确使用非常重要。

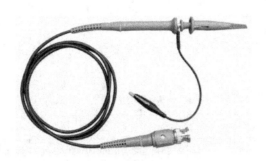

图 3-1-11　示波器探头外观

1. 探头的校正

　　探头在使用之前应该先对其阻抗匹配部分进行调节。如图 3-1-12 所示，通常在探头靠近示波器一端有一个可调电容，有一些探头在靠近探针一端也具有可调电容。它们是用来调节示波器探头的阻抗匹配的。如果阻抗不匹配，测量到的波形将会变形，此时应对探头进行校正。

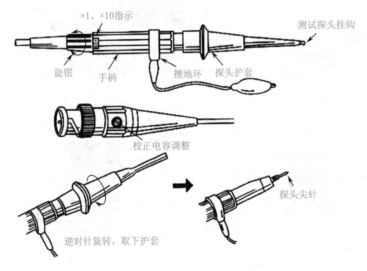

图 3-1-12　示波器探头结构示意图

【校正方法】

　　（1）将待校正的示波器探头插入通道 1（或通道 2）的输入端口。将该通道的输入信号耦合选择开关置于 GND（接地）位置上，调节垂直位置调节旋钮使扫描线处于示波器显示屏的中间位置。

　　（2）检查扫描线是否水平（即是否与示波器显示屏的水平中线重合），如果不是，则需要调节水平平衡旋钮。通常模拟示波器有这个调节端子，在小孔中，需要用螺丝刀伸进去调节。数字示波器不用调节。

　　（3）将对应通道的输入信号耦合选择开关置于 DC（直流耦合）上，示波器探头接在校正信号输出端（一般示波器都带有这个输出端子，通常是 1kHz 的方波信号）。调节水平扫描速度旋钮，使波形能够显示 2 个周期左右。调节垂直衰减旋钮，使波形的峰–峰值在1/2 屏幕宽度左右。

（4）观察方波的上、下两边，看是否水平。如果出现过冲、倾斜、台阶、毛刺等现象，则说明需要调节探头上的匹配电容。用小螺丝刀调节，直到上下两边的波形都水平为止，如图 3-1-13 所示。

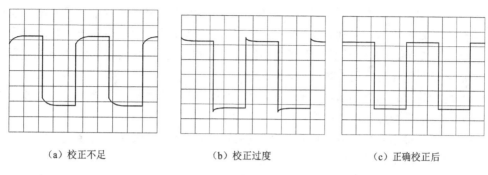

（a）校正不足　　　　　　　（b）校正过度　　　　　　　（c）正确校正后

图 3-1-13　探头校正

2. 量程的选择

示波器探头上有一个选择量程的小开关：×10 和 ×1。当选择 ×1 挡时，信号是未经衰减直接输入示波器的。而选择 ×10 挡时，信号是经过衰减到原信号的 1/10 后再输入到示波器的。因此，当使用示波器的 ×10 挡时，应该将示波器上的读数扩大 10 倍。当要测量较高电压时，就可以利用探头的 ×10 挡功能，将较高电压衰减后输入示波器。另外，×10 挡的输入阻抗比 ×1 挡要高得多，所以在测试驱动能力较弱的信号波形时，把探头打到 ×10 挡可更好地测量。但要注意，在不能确定信号电压高低时，也应当先用 ×10 挡测一下，确认电压不是过高后，再选用正确的量程挡测量，防止损坏示波器。

3. 探头的使用

示波器探头在使用时，要保证黑色地线夹子可靠接地（被测系统的地，非真正的大地），否则在测量时，就会看到一个很大的 50Hz 的干扰信号，这是因为示波器的地线没连接好，感应到空间中的 50Hz 工频市电而产生的。当示波器上出现了一个幅度很强的 50Hz 信号（我国市电频率为 50Hz，国外有 60Hz 的）时，就要检查探头的地线是否接好。

4. 探头的检测

由于示波器探头经常使用，可能会导致地线断路。检测方法是：将示波器调节到合适的扫描频率和 Y 轴增益，用手触摸探头中间的探针，这时应该能看到波形，通常是一个 50Hz 的信号。如果这时没有波形，可以检查探头中间的信号线是否已经损坏。将示波器探头的地线夹子夹到探头的探针（或者钩子）上，再去用手触摸探头的探针，这时应该看不到刚才的信号（或者幅度很微弱），说明探头的地线是好的，否则地线已经损坏。通常是连接夹子那条线断路，重新焊上即可，必要时可更换。注意连接夹子的地线不要太长，否则容易引入干扰，尤其是在高频小信号环境下。示波器探头的地线夹子应该要靠近测量点，尤其是测量频率较高、幅度较小的信号时。因为长长的地线，会形成一个环，它就像一个线圈，会感应到空间的电磁场。另外，系统中的地线中电流较大时，也会在地线上产生压降，所以示波器探头的地线应该连接到靠近被测试点附近的地上。

学生姓名		日 期		自 评	互 评	师 评
学习体会						

学习体会

1. 在活动中，你对哪个部分最感兴趣？为什么？

2. 你认为活动中哪个技能最有用？为什么？

3. 你还有哪些地方存在疑问？

4. 你还有哪些要求与设想？

实训小结	

任务 2　示波器的正确调整和使用方法

工作任务

（1）调试和校正示波器。

（2）用示波器观察给定电路的输入电压、输出电压的波形并计算电压的峰-峰值、峰值及周期、频率，画出相关波形。

相关知识

示波器的正确调整和操作对于提高测量精度和延长仪器的使用寿命十分重要，而模拟示波器的调整和使用方法基本相同，现继续以 MOS-620CH 型双踪示波器为例介绍。

一、示波器使用的注意事项

（1）熟练掌握示波器面板上各旋钮作用后再操作。

（2）选择合适的电源，并注意机壳接地，使用前要预热几分钟再调整各旋钮。

（3）经过探头衰减后的输入信号切不可超过示波器允许的输入电压范围，并应注意防止触电。

（4）探头要与示波器配套使用，不能互换，且使用前要校正。通电预热后再调整各旋钮，同时注意各旋钮应先大致旋转在中间位置。

（5）双踪示波器的两路输入端有一公共接地端，同时使用时应防止接地线将外电路短路。

（6）尽量在显示屏有效尺寸内进行测量。

（7）辉度要适中，不宜过亮，不要让光点长时间地停留在荧光屏上的某一位置上，以防损坏荧光屏。使用过程中，如果短时间内不使用示波器，可将"辉度"旋钮调至最小，不要经常通断示波器的电源，以免缩短示波管的使用寿命。

（8）示波器上的所有开关与旋钮都有一定的强度和调节角度，使用时应轻缓，不可用力过猛或随意乱旋转。

（9）波形不稳定时，通常按照"触发源"→"触发耦合方式"→"触发方式"→"扫描速度"→"触发电平"的顺序进行调节。

二、示波器的正确调整

1. 调节聚焦和辉度

调整聚焦旋钮使扫描线尽可能细，以提高测量精度。扫描线的亮度（辉度）应适当，亮度过高不仅会降低示波器的使用寿命，而且也会影响聚焦特性。需要注意的是：亮度和聚焦有相互的关联关系，在调整亮度后，波形变粗，可以通过调节聚焦来获得最佳显示效果。

2. 正确选择触发源和触发方式

触发源的选择：观测单通道信号时应选择该通道的信号作为触发源；同时观测两个时间相关的信号时应选择信号周期长的通道作为触发源。

触发方式的选择：首次观测被测信号时，触发方式应设置在"AUTO"挡，待观测到稳定信号后，调好其他设置，最后将触发方式开关置于"NORM"，以提高触发的灵敏度。当观测直流信号或小信号时，必须采用"AUTO"触发方式。

3. 正确选择输入耦合方式

根据被观测信号的性质来选择正确的输入耦合方式。一般情况下，被观测的信号为直流或脉冲信号时，应选择"DC"耦合方式；被观测的信号为交流时，应选择"AC"耦合方式。

4. 合理调整扫描速度

调节扫描速度旋钮，可以改变荧光屏上显示波形的个数。提高扫描速度，显示的波形个数少；降低扫描速度，显示的波形个数多。显示的波形个数不应过多，以保证时间测量的精度。

5. 调整波形位置和几何尺寸

观测信号时，波形应尽可能处于荧光屏的中心位置，以获得较好的测量线性。正确调整垂直衰减旋钮，尽可能使波形幅度占一半以上，以提高电压测量的精度。

6. 合理操作双通道

将垂直工作方式开关设置到"DUAL"，两个通道的波形可以同时显示。为了观察到稳定的波形，可以通过"ALT/CHOP"（交替/断续）开关控制波形的显示。按下"ALT/CHOP"开关（置于CHOP），两个通道的信号断续地显示在荧光屏上，此设定适用于观测频率较低的信号；释放"ALT/CHOP"开关（置于ALT），两个通道的信号交替地显示在荧光屏上，此设定适用于观测频率较高的信号。

在双通道显示时，还必须正确选择触发源。当CH1、CH2信号同步时，选择任意通道作为触发源，两个波形都能稳定显示，当CH1、CH2信号在时间上不相关时，应按下"TRIG.ALT"（触发交替）开关，此时每一个扫描周期中触发信号交替触发一次，因而两个通道的波形都会稳定显示。

值得注意的是：双通道显示时，不能同时按下"CHOP"和"TRIG.ALT"开关，因为"CHOP"信号成为触发信号而不能同步显示。利用双通道进行相位和时间对比测量时，两个通道必须采用同一同步信号触发。

7. 调整触发电平

调整触发电平旋钮可以改变扫描电路预置的阀门电平。向"+"方向旋转时，阀门电平向正方向移动；向"–"方向旋转时，阀门电平向负方向移动；处在中间位置时，阀门电平设定在信号的平均值上。触发电平过正或过负，均不会产生扫描信号。因此，触发电平旋钮通常应保持在中间位置。

三、示波器的使用方法

步 骤	操 作 方 法	图 示
1. 开机	开机前，将辉度调节旋钮2、聚焦旋钮3和扫描速度旋钮29及垂直衰减旋钮7或22逆时针旋到底。检查电源是否符合要求，插好电源，打开电源开关通电预热5min左右	2 3 7 29 22
2. 调试	将辉度调节旋钮2慢慢顺时针旋转调至荧光屏上出现亮点，且亮度合适。缓慢调节聚焦旋钮3使亮点最圆、最小。调整亮点使之处于屏幕中央位置。顺时针旋转水平扫描速度旋钮29，使屏幕上的亮点变成一条水平亮线。如果此线不水平，则需用工具轻轻调节光迹旋转半可变电位器4，使亮线水平	2 3 4 29
3. 校正（探头校正及垂直偏向灵敏度检查）	在示波器CH1端口插上示波器探头（探头量程选择×10），将探针挂在校正信号输出端1上，触发源选择开关24置于CH1，通道1的垂直衰减旋钮7转至50mV位置，调整探头上的校正电容使方波信号最平坦。将垂直微调旋钮9和水平扫描微调旋钮30置于CAL位置，比较屏幕显示的波形的频率和幅度的计算值与校正信号参数是否一致	1 9 7 11 30 24

续表

步骤	操 作 方 法	图 示
4. 交直流信号的测试	将垂直操作模式选择键 14 置于通道 1（即 CH1）位置，通道 1 的输入信号耦合选择开关 10 调至 GND 位置，触发源选择开关 24 置于 CH1 位置，触发模式选择开关 25 置于"AUTO"挡。显示屏上出现水平直线轨迹线，调节垂直位置调节旋钮 11 使水平轨迹线与中心刻度线重合。将带有直流分量的正弦交流信号输入到通道 1。通道 1 的输入信号耦合选择开关 10 调至 AC 位置，触发模式选择开关 25 置于"NORM"挡，调节触发电平调整旋钮 27 使波形稳定。调整垂直衰减旋钮 7 使波形高度约为显示屏高度的 2/3。调整水平扫描速度旋钮 29 使显示屏显示 1～2 个周期波形。读出正弦波的幅值、峰–峰值及周期、频率。（计算方法：峰–峰值 V_{p-p}=垂直格数×垂直衰减旋钮指示的挡位值；幅值=峰–峰值÷2；周期 T=水平格数×扫描旋钮指示的挡位；频率 f=1/T） 将通道 1 的输入信号耦合选择开关 10 调至 DC 位置，读出波形的直流分量。（计算方法：直流分量=波形的最高位置到中心刻度线的垂直格数×垂直衰减旋钮指示的挡位值–正弦幅值）	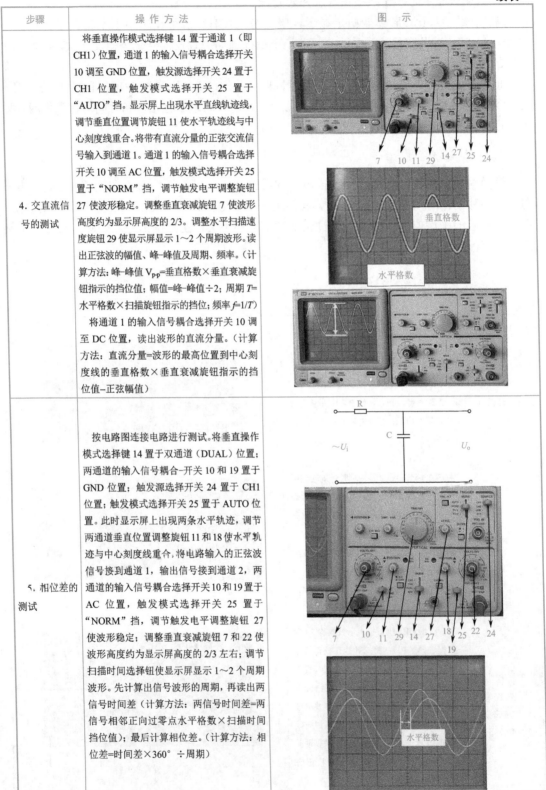
5. 相位差的测试	按电路图连接电路进行测试。将垂直操作模式选择键 14 置于双通道（DUAL）位置；两通道的输入信号耦合–开关 10 和 19 置于 GND 位置；触发源选择开关 24 置于 CH1 位置；触发模式选择开关 25 置于 AUTO 位置。此时显示屏上出现两条水平轨迹，调节两通道垂直位置调整旋钮 11 和 18 使水平轨迹与中心刻度线重合，将电路输入的正弦波信号接到通道 1，输出信号接到通道 2，两通道的输入信号耦合选择开关 10 和 19 置于 AC 位置，触发模式选择开关 25 置于"NORM"挡，调节触发电平调整旋钮 27 使波形稳定；调整垂直衰减旋钮 7 和 22 使波形高度约为显示屏高度的 2/3 左右，调节扫描时间选择钮使显示屏显示 1～2 个周期波形。先计算出信号波形的周期，再读出两信号时间差（计算方法：两信号时间差=两信号相邻正向过零点水平格数×扫描时间挡位值）；最后计算相位差。（计算方法：相位差=时间差×360°÷周期）	

实战演练与考核

实 训 准 备		
实训器材	实训电路	考核记录
稳压电源、示波器、整流二极管 1N4007 4 个、电阻一个、导线若干		

实 训 过 程		
实训步骤	测量记录	考核记录
①按照电路图将实物连接起来； ②调试和校正示波器； ③用示波器观察电路的输入电压波形并计算电压的峰-峰值、峰值及周期、频率； ④用示波器观察负载 R 两端的电压波形并计算电压的峰值。 ⑤同时观察 AC 两端和 BD 两端的电压波形，并画出波形图。	输入电压的峰-峰值＿＿＿＿；峰值＿＿＿＿＿＿ 输入电压的周期＿＿＿＿＿；频率＿＿＿＿＿＿ R 两端电压的峰值＿＿＿＿＿＿ 输入和输出电压的波形图： （方格图）	

任务评价

序　号	考核内容	评分要素	配　分	评分标准	得　分
1. 准备工作（3分）	检查电源是否符合要求	示波器所使用的电源应符合要求，机壳应接地	1	未经检查就直接上电的扣1分	
	相关旋钮是否旋到位、打开电源后预热	开机前应将辉度旋钮、聚焦旋钮和扫描速度旋钮及垂直衰减旋钮逆时针旋到底	1	未做此工作的扣1分	
		打开电源开关通电预热5min左右	1	未预热扣1分	

续表

序　号	考核内容	评分要素	配　分	评分标准	得　分
2. 调试（24分）	调节相关旋钮使屏幕上出现一条亮度适中的清晰的水平亮线	将辉度旋钮慢慢顺时针旋转调至荧光屏上出现亮点，且亮度合适。缓慢调节聚焦旋钮使亮点最圆最小。顺时针旋转扫描速度旋钮，使屏幕上的亮点变成一条水平亮线。如果此线不水平，则需用工具轻轻调节光迹旋转半可变电位器，使亮线水平	24	未调出亮线扣24分	
				亮线亮度或清晰度不合要求扣5分	
				亮线不水平扣5分	
3. 校正（26分）	使用机内校正信号，调节相关旋钮使屏幕中央显示清晰稳定的方波。波形的频率和幅度的计算值要与校正信号参数一致	探头量程应选×1挡	6	未选择探头量程扣6分	
		将探针挂在校正信号输出端，调节水平位置调节旋钮和垂直位置调节旋钮，使信号波形处于屏幕中央的位置。适当调节扫描速度旋钮和衰减旋钮使屏幕上的方波显示清晰稳定	10	未按要求调出清晰稳定的方波信号扣10分	
		调节微调旋钮使屏幕显示的波形的频率和幅度的计算值与校正信号参数一致	10	波形的频率和幅度的计算值与校正信号参数不一致扣10分	
4. 信号测试（40分）	按要求连接电路	根据电路图将分立元件连接起来	5	不能正确连接电路扣5分	
	测试并计算电路的输入信号	将探头的地线夹子与探针分别接电路中的A、C两点。观察信号波形	5	探头连接不正确扣5分	
		根据观察到的信号波形，计算信号的峰-峰值及周期	10	峰-峰值或周期计算不正确，每项扣5分	
	测试负载两端的信号	将探头的地线夹子与探针分别接电路中的B、D两点。观察信号波形	5	探头连接不正确扣5分	
		根据观察到的信号波形，计算负载两端电压的峰值	5	峰值计算不正确扣5分	
	同时观察AC两端和BD两端的电压波形	用两个探头分别接通道1和通道2。将两探头分别接A、C端和B、D端，垂直系统工作模式选择开关选择双通道（DUAL）模式	6	不能正确连接探头扣4分，工作模式选择开关未选择双通道模式扣2分	
		画出屏幕上显示的波形	4	不能正确画出相应波形每项扣2分	
5. 操作规范（2分）	使用仪器的过程中应注意仪器安全	测量过程中应轻缓，不可用力过猛或随意乱旋转	2	未按要求做扣2分	
6.（5分）	安全文明操作	按国家或企业颁发有关规定进行操作，注意人身和电路的安全	5	每违反一次规定从总分中扣5分	

检测技巧小提示

（1）当用示波器观察不到晶振引脚上的波形时，将探头挡位改为×10挡即可。

（2）在双踪显示中，如何选择使用ALT（交替）或者CHOP（断续）？

在被测信号频率较低时，不宜使用ALT。

在被测信号频率较高时，不宜使用CHOP。

在大多数情况下，ALT和CHOP没有明显区别，可以随意使用。

（3）怎样用示波器检测直流电源？

示波器可以粗略检测出直流电源是否满足要求：电压是否准确、纹波是否合适。

①直流电源的电压。判断直流稳压电源提供的输出电压，是否满足设计的数值要求，通常有两种方法：万用表测量和示波器测量。万用表使用方便，读数准确。但是，它无法判断电源是否含有较大的纹波。示波器读数不甚准确，使用也相对较为麻烦，但是，它的可视性弥补了这些缺陷，也被广泛采用。更加合理的方法是两者的结合：首先用示波器进行粗略观察，然后用万用表进行精确测量。

直接并且仅用示波器检测直流电源的输出电压，通常应用于对电源电压的准确性要求不高的场合。从示波器屏幕上刻度可以看出，观察者一般可以分辨出刻度中的1/2个小格，而在示波器的纵轴上，有40个小格，因此，误差小于1/80的测量要求，示波器是难以实现的。加上示波器本身的误差，示波器测量就显得更为粗略。因此，示波器一般用于估测。

测量方法是，将示波器触发方式选择为自动触发，输入耦合开关置于DC，然后根据0电平线读数。

②直流电源的纹波。将示波器的输入耦合开关置于AC，并适当增大Y轴增益，就可以看到直流电源上的纹波。尽管示波器难以将这样的非周期性信号稳定显示，但是观察者一般都可以从重叠波形中粗略读出纹波幅度，并用这个幅度来衡量直流电源的纹波大小。

维修技巧一点通

【故障一】 黑屏。

故障现象 开机后示波器黑屏，即示波器的荧光屏看起来没有任何光点，好像没有开机一样。

解决方法 旋转辉度至最大（保证辉度正常）→将触发方式设为自动（保证扫描线产生）→将输入耦合开关置于GND（保证不受到其他被测信号的影响）→将水平位置调节旋钮旋至中间→满幅度调整垂直位置调节旋钮（找回扫描线）。

【故障二】 将一定频率的正弦波信号输入到示波器后，没有波形显示。

故障现象 输入信号后没有波形显示。

解决方法

（1）检查输入信号的频率是否超出示波器显示范围，如果是，应另选合适的示波器。

（2）检查并调节扫描线辉度旋钮，使亮度适中。

（3）调节示波器水平、垂直位移旋钮，使被测波形在示波器屏幕上的位置合适。

（4）检查示波器各旋钮的设置是否正确，与测试探头的通道是否对应。

（5）调节示波器的幅度旋钮（Volts/Div），若一直显示类似于直线的波形，可能波形幅度值太小，关闭示波器探头×10衰减，再观察波形。

（6）调节扫描频率与扫描同步，使波形清晰、稳定。

【故障三】　将一定频率的信号波形，输入到示波器后，显示频率有偏差。

故障现象　波形形状未有大的失真，但显示频率有偏差，如10MHz变成了8MHz。

解决方法

（1）示波器面板上有一个自校准测试点"CAL"，在测试前，先将示波器的探头接到"CAL"处，观察显示波形的参数是否符合CAL所标识的参数，并进行校准。

（2）若示波器已校准后仍不能正确显示频率，可能是示波器显示未达到最佳扫描点，没有同步好，可适当调节同步旋钮，使波形在屏幕上显示稳定、清晰。

（3）输入的信号可能存在偏差，因此在输入示波器前，应先测量后接入电路，以保证输入的精确度。

【故障四】　将一调幅（AM）波输入到示波器后，在示波器上无法观察到调幅现象。

故障现象　信号源输出AM波，但在示波器上无法观察到调幅现象。

解决方法

（1）观察信号源输出与示波器连接是否正确。

（2）对调幅信号的参数在信号源上进行重新设置（包括载波频率、幅度，调制信号频率、调制度等参数）。

（3）按下MOD/ON功能键，开启调制功能（这一步骤容易疏漏）。

（4）调节示波器面板的幅度、扫描频率等旋钮，使信号在示波器屏幕的位置合适。

（5）调节同步旋钮，在屏幕上观察到稳定的调幅信号。

【故障五】　信号源输出一定频率的正弦波，接到示波器后，输出波形失真。

故障现象　示波器所显示的波形为失真的正弦波。

解决方法

（1）检查仪器周边是否有干扰源，若有，则应即刻移走。

（2）检查示波器与信号源连接是否正确，地线连接是否可靠。若有接错线的情况，则改正后重新观察波形。

（3）若仍不能使二者波形一致，观察信号源面板是否存在波形输出设置的问题。

【故障六】　两通道分别输入峰-峰值为1V的正弦波，在示波器上读数，通道1为峰-峰值1V，通道2却是0.8V。

故障现象　某一通道数值有偏差。

解决方法　将该通道垂直微调旋钮顺时针旋到底，听到"啪嗒"声响，示波器才进入测量状态。

【故障七】　将峰-峰值为1V的正弦波分别接入通道1和通道2，在示波器上读数，通道1为峰-峰值1V，通道2却是0.1V。

故障现象　某一通道数值与标准值相差10倍。

解决方法　读取数据时应注意示波器探头的挡位，当置于"×10"位置时，应将读出的信号幅度值×10。

【故障八】　将峰-峰值为 1V 的正弦波，用两根没有任何衰减的探头分别接入示波器的通道 1 和通道 2，并将两个通道的 Y 轴均设为测量状态，在示波器上读数，通道 1 为峰-峰值 1V，通道 2 却是 0.85V。

故障现象　某一通道数值有偏差。

解决方法　这种情况，几乎可以肯定，是示波器的通道 2 发生了故障，通常是垂直衰减控制出现了问题，应该检修。

【故障九】　输入信号是 1Hz 的方波，在示波器上却看到如图 3-2-1 所示的波形。

故障现象　示波器显示波形不正确。

图 3-2-1　低频方波信号在 AC 耦合下的显示

解决方法　出现此种现象是因为操作者错误地将输入耦合开关置于 AC，改变为 DC 即可。

【故障十】　将一个信号源的正弦波输出直接接到示波器的通道 1，却看到一条直线。

故障现象　示波器显示波形不正确。造成这种现象的主要原因有以下几种。

（1）信号源本身就是损坏的；

（2）信号源使用不正确；

（3）信号源存在过量的衰减，输出值太小；

（4）信号源的输出线断了；

（5）示波器是损坏的；

（6）示波器的通道选择错误（常见）；

（7）示波器的输入耦合开关错误地置于 GND 上（常见）；

（8）示波器扫描速度太快（常见）；

（9）示波器通道 1 的电缆线断了；

（10）其他可能的错误。

解决方法　将信号源和示波器断开，用示波器的校准信号单独测试示波器，以保证示波器工作良好，然后用替换的方法，按照上述可能的故障，逐步查找，很快就可以找到故障所在。

【故障十一】　将探头校准信号引入通道 1 时显示两个光点在屏幕上移动。

故障现象　示波器不能显示正常的校正信号。

解决方法　造成此现象的原因是扫描速度设置不合适。改变扫描速度即可。

【故障十二】　示波器输入信号后出现图 3-2-2（a）所示的波形。

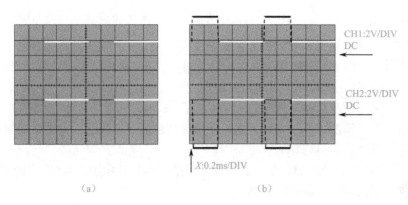

图 3-2-2 奇怪的显示波形及其波形原貌

故障现象 显示波形不正确。

解决方法 在双踪显示中，出现这种奇怪波形，一般是由于两个波形的显示位置不合适引起的。实际的波形如图 3-2-2（b）所示，由虚线、黑实线、白实线组成，其中黑实线在荧光屏之外，肯定无法显示，而虚线由于波形的沿很陡，实际扫描时间非常短暂，导致只有仔细观察，才有可能看到虚弱的线，一般都会被忽视。

改变两个通道的 0 电平位置——通过改变垂直位置调节旋钮，或者垂直衰减旋钮即可消除这种波形，而清楚地显示两个波形及其关系。

项目核心内容小结

示波器是一种用于观察和测量电信号的综合性电子测量仪器。通过示波器可以直观地观察被测电路的波形，包括形状、幅度、频率（周期）、相位，还可以对两个波形进行比较。示波器的操作重点和难点在于波形的调整和根据波形进行相关数据的估算，这是迅速、准确地找到被测电路的故障原因的基础，也是进行科学研究以及检测、修理各种电子仪器的重要前提。

信号发生器的使用与维护

项目说明

信号发生器又称为信号源，是一种能够产生不同频率、不同幅度的规则或不规则波形信号的设备。在实际应用中，它能为测试、研究和调整电子电路及电子整机产品提供符合一定技术要求的电信号，是电子技术实验室、教学、科研必备的仪器。它的类型很多，本项目主要以实验室常用的 YB1602 型函数信号发生器和 IIIXC—14 型脉冲信号发生器为例，系统学习其性能及使用方法，使操作人员通过此项目的训练能够达到熟练运用设备为测试、研究和调整电路而服务的目的。

项目要求

（1）了解信号发生器的用途及特点。
（2）熟悉仪器面板各旋钮的作用，掌握正确的使用方法。
（3）能够运用仪器测试研究电路。

项目计划

时间：4 课时。
地点：电子工艺实训室。

项目实施

（1）走访电子实验室研究人员、维修人员等，了解信号发生器的种类、选型标准等，并将走访结果进行整理后，在小组内汇报。
（2）对照信号发生器的使用说明，对信号发生器的旋钮功能、使用方法进行探究，并将探究结果进行组间交流；教师就学生交流过程中发现的问题给予适时的指导、点评。
（3）结合实训任务进行实际操作，教师对学生的操作给予适时的指导、点评。

任务 1　函数信号发生器的正确使用与维护

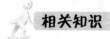

工作任务

（1）运用函数信号发生器向电路输送所需信号，同时用示波器观察并画出相应波形。

（2）改变函数信号发生器输出信号的参数，同时观察示波器上波形的变化情况，寻找规律。

相关知识

一、信号发生器的功能及分类

信号发生器又称为信号源，是一种能够产生不同频率、不同幅度、不同波形振荡信号的电子设备。其信号稳定、可信，信号的特征参数完全可控，可方便地模拟各种情况下不同特性的信号，对于产品研发和电路实验具有重要作用，广泛应用于电子研发、维修、测量、校准等领域，是电子工程师信号仿真实验的最佳工具。利用信号发生器的输出信号，不仅可以对元器件的特性及参数进行测量，还可以对电工和电子产品整机进行指标验证、参数调整及性能鉴定。

信号发生器的类型很多，按用途可分为通用和专用两大类。其中专用信号发生器是为专用目的而设计制造的，用于产生特定制式信号（如常见的电视信号发生器、立体声信号发生器等）。本项目将介绍更为常用的通用信号发生器。通用信号发生器又可以按照以下方式进行分类。

1. 按照输出波形分类

按照信号波形的不同，信号发生器可以分为正弦波信号发生器、脉冲信号发生器、函数信号发生器、随机信号发生器和专用信号发生器。

1）正弦波信号发生器

正弦波信号发生器提供最基本的正弦信号，可以作为参考频率和参考幅度信号，用于增益和灵敏度的测量以及仪器的校准。常见的高频信号发生器和标准信号发生器都属于此类。其外观如图 4-1-1 所示。

2）函数信号发生器

函数信号发生器可以产生各种函数波形信号，典型的有方波、正弦波、三角波、锯齿波、脉冲等。函数信号发生器一般工作频率不高，频率上限在几兆赫到一二十兆赫，频率下限很低，大多可以低于 0.1Hz。函数信号发生器用途非常广泛，科学实验、产品研发、生产维修、IC 芯片测试中都能见到它的身影。函数信号发生器的外观如图 4-1-2 所示。

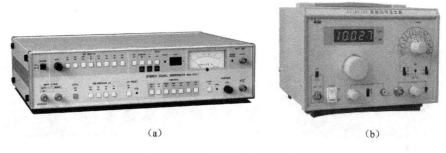

（a）　　　　　　　　　　　　　（b）

图 4-1-1　正弦波信号发生器外观

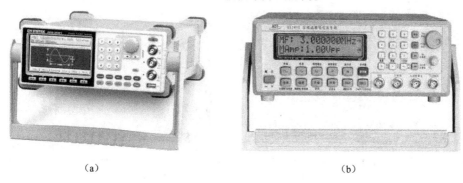

（a）　　　　　　　　　　　　　（b）

图 4-1-2　函数信号发生器外观

3）脉冲信号发生器和随机信号发生器

脉冲信号发生器和随机信号发生器多用于专业场合。专用信号发生器是产生特定制式信号的专用仪器，如常见的电视信号发生器、立体声信号发生器等，如图 4-1-3 所示。

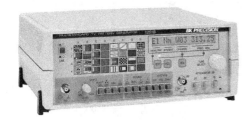

（a）电视信号发生器　　　　　　　　　　　（b）音频信号发生器

图 4-1-3　专用信号发生器外观

在实际工作中，正弦波信号发生器的应用最为广泛。函数信号发生器因其可以输出多种波形、信号频率范围宽且可调而比较常用。脉冲信号发生器的主要用途是测量脉冲数字电路的工作性能。

2. 按照频率范围分类

信号发生器按传统工作频段分类，有超低频信号发生器（工作频率在 0.1Hz 以下）、低频信号发生器（工作频率主要在 1Hz～1MHz）、高频信号发生器（也叫射频信号发生器，工作频率从 100kHz 到几百兆赫的信号发生器，目前频率高的可以达到几吉赫兹）、微波信号发生器（工作频率高达几十吉赫兹）等。超低频信号发生器一般用于专业上的特殊用途；

低频信号发生器多用于音频领域；高频信号发生器多用于通信和测量领域；微波信号发生器多用于雷达领域，如图 4-1-4 所示。

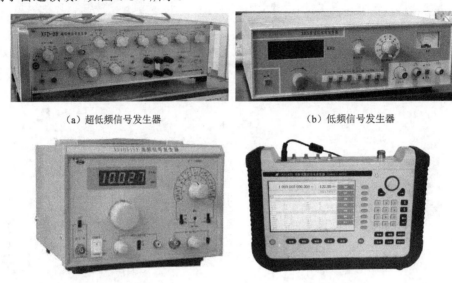

　　（a）超低频信号发生器　　　　　　　　　　　　（b）低频信号发生器

　　（c）高频信号发生器　　　　　　　　　　　　（d）微波信号发生器

图 4-1-4　不同频段的几种信号发生器

3. 按照调制类型分类

按照调制方式的不同，信号发生器可分为调幅（AM）、调频（FM）、调相及脉冲调制（PM）信号发生器等。

4. 按照信号发生器的性能指标分类

按照信号发生器的性能指标不同，信号发生器可分为简易信号发生器、标准信号发生器和功率信号发生器等。

简易信号发生器对频率、幅度的准确度和稳定度及波形失真度等要求不高，在信号输出幅度控制上比较简单，只使用一个简易衰减器，因此这种信号发生器对输出的信号不能直接量化控制。

标准信号发生器的频率、幅度、调制系数等连续可调，读数准确、稳定、屏蔽良好，在信号输出幅度上有严格的控制，能提供准确的输出幅度读数。一般高频标准信号发生器输出幅度为 -127～+23dBm。

功率信号发生器则提供较大的功率输出，一般在 +20dBm 以上，功率大的可达几瓦到几十瓦。

5. 按照频率产生机制分类

按照信号频率产生机制不同，信号发生器可分为 LC 振荡器信号发生器、压控振荡信号发生器、频率合成信号发生器等。另外，还有矢量信号源、基带信号源等高端信号发生器，主要应用在航空、国防等尖端领域，价格非常高。

二、函数信号发生器的基本工作原理

函数信号发生器是能产生多种波形的信号发生器，如产生正弦波、三角波、方波、锯齿波、阶梯波和调频、调幅等调制波形。一般至少要求产生三角波、方波和正弦波。产生各种信号波形的方法很多，其电路主要由振荡电路、波形变换器和输出电路三部分组成，如图 4-1-5 所示。

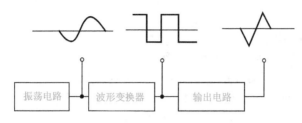

图 4-1-5 函数信号发生器电路组成框图

振荡电路主要产生具有一定频率要求的信号。它决定了函数发生器的输出信号的频率调节范围、调节方式和频率的稳定度；在要求不高的场合，电路往往以需要产生的波形中的一种信号作为振荡信号。常用的振荡器有脉冲振荡器和正弦波振荡器。

波形变换器的功能是对振荡源产生的信号进行变换和处理，形成各种所需的信号波形。

输出电路是对各路波形信号进行幅度均衡和切换，并完成信号幅度的调节功能等。

三、YB1602 型函数信号发生器的使用

YB1602 型函数信号发生器（又称为波形发生器）（如图 4-1-6 所示）可以连续地输出正弦波、方波、矩形波、锯齿波和三角波等信号波形，频率范围可从几微赫到几十兆赫，在电子实验和设备检测中具有十分广泛的用途。本任务将以此为例，介绍函数信号发生器的使用方法。

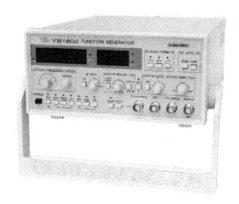

图 4-1-6 YB1602 型函数信号发生器外观

1. YB1602 型函数信号发生器的主要特点

（1）具有频率计和计数器功能（6 位 LED 显示）。

（2）具有输出电压指示（3 位 LED 显示）。

（3）轻触开关、面板功能指示，直观方便。

（4）内置线性/对数扫频功能。

（5）具有 50Hz 正弦波输出，方便实验。

（6）数字频率微调功能，使测量更准确。

（7）外接调频功能。

（8）VCF 压控输入。

（9）TTL/CMOS 输出。

（10）具有正弦波、方波、三角波、斜波、脉冲波。

（11）用两组 LED 显示器分别数显输出电压及频率值。

（12）采用全金属外壳，具有优良的电磁兼容性，外形更加坚固。

（13）所有端口具有短路和抗输入电压保护功能。

2．YB1602 型函数信号发生器主要技术指标

1）电压输出

频率：0.02Hz～2MHz

输出波形：正弦波、方波、三角波、脉冲波、斜波

输出信号类型：单频、调频、调幅、扫频

扫频类型：线性、对数

扫频速率：5s～10ms

输出电压范围：$20V_{p-p}$（1MΩ）　$10V_{p-p}$（50Ω）

输出电压保护：短路，抗输入电压±35V（1min）

正弦波失真度：≤100kHz：2%；＞100kHz：30dB

频率响应：±0.5dB

三角波线性：≤100kHz：98%；＞100kHz：95%

占空比调节：20%～80%

直流偏置：±10V（1MΩ）；±5V（50Ω）

方波上升时间：≤100ns $5V_{p-p}$ 1MHz

衰减精度：≤±3%

占空比对频率：±10%

50Hz 正弦波输出：约 $2V_{p-p}$

2）TTL/CMOS 输出

输出幅度：0：≤0.6V；1：≥2.8V

输出阻抗：600Ω

输出电压保护：短路，抗输入电压±35V（1min）

3）频率计数

测量精度：5 位　　±1%　　±1 个字

分辨率：0.1Hz

闸门时间：10s、1s、0.1s

外测频范围：1Hz～10MHz

外测频灵敏度：100mV

计数范围：五位

3. YB1602 型函数信号发生器面板及各旋钮功能介绍

1）前面板旋钮及按键功能

YB1602 型函数信号发生器前面板的旋钮及按键分布如图 4-1-7 所示，其功能如表 4-1-1 所示。

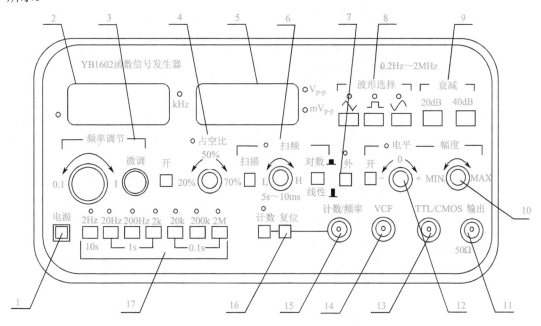

图 4-1-7 YB1602 型函数信号发生器前面板

表 4-1-1 YB1602 型函数信号发生器前面板旋钮及按键功能

序号	名 称	图 示	功 能
1	电源开关按钮	电源	按钮弹出为"关"，电源断开；按钮按下为"开"，电源接通，电源指示灯亮
2	LED 频率显示窗口		显示输出信号频率，当按下"外测"按钮 7 时，此窗口显示外测频信号的频率（相当于频率计），单位由窗口右侧所亮的指示灯确定，为"kHz"。若超出测量范围，则窗口左侧的溢出指示灯亮
3	频率调节旋钮及微调旋钮	频率调节	调节左侧的频率调节旋钮可改变输出信号频率（顺时针旋转，频率增大；逆时针旋转，频率减小），微调旋钮可以细调频率。调节基数为 0.1～1

续表

序号	名 称	图 示	功 能
4	占空比开关及调节旋钮		按下开关，占空比指示灯亮，调节占空比旋钮，可以改变输出波形的占空比，调节范围为 20%～70%
5	LED 幅度显示窗口		显示输出信号的幅度，单位（"V_{p-p}" 或 "mV_{p-p}"）由窗口右侧所亮的指示灯确定。输出接 50Ω 负载时应将读数÷2
6	扫频开关、旋钮		按下扫频开关，电压输出端口输出信号为扫频信号，调节速率旋钮，可以改变扫频速率，顺时针调节可增大扫频速率，逆时针调节可减慢扫频速率。改变线性/对数开关可产生线性扫频和对数扫频
7	外测频率开关		此开关按下时 LED 显示窗口显示外测信号频率或计数值
8	信号波形选择按钮		可根据需要按下所需波形的按钮来选择三角波、方波或正弦波波形中的一种。波形选择按钮均未按下时，无信号输出，此时为直流电平
9	信号波形输出幅度衰减选择按钮		按下 20dB 时，信号输出幅度衰减 10 倍，按下 40dB 时，信号输出幅度衰减 100 倍。两按钮均未按下，信号不经衰减直接向外输出。同时按下两按钮时可对信号进行 60dB 衰减（信号输出幅度衰减 1000 倍）
10	信号输出幅度调节旋钮		调节此按钮可以改变输出信号的幅度，顺时针旋转信号幅度增大，逆时针旋转信号幅度减小。调节范围是 20dB
11	信号电压输出端		输出所需要的函数信号
12	电平调节开关及旋钮		按下电平调节开关，电平指示灯亮，此时输出波形会携带一定的直流电平。调节电平调节旋钮，可以改变直流偏置电平的大小。电平调节开关处在关时，输出波形携带直流电平为 0V
13	TTL/CMOS电平输出端		此端口输出 TTL/CMOS 信号
14	VCF（压控调频）		控制频率电压输入端，由此端口输入 0～5V 电压调制信号控制频率变化时，信号电压输出端口输出的为压控信号

续表

序号	名 称	图 示	功 能
15	计数/频率端口	计数/频率	计数、外测频率输入端
16	计数、复位开关	计数 复位	按下计数开关，LED 开始计数，按下复位键，LED 显示全为 0
17	频率范围选择按钮	2Hz 20Hz 200Hz 2k 20k 200k 2M 10s 1s 0.1s	按其中的任意一键。可改变输出信号的频率，可根据需要来选择输出信号的频率范围

2）后面板接口功能

YB1602 型函数信号发生器后面板接口分布如图 4-1-8 所示，其功能如表 4-1-2 所示。

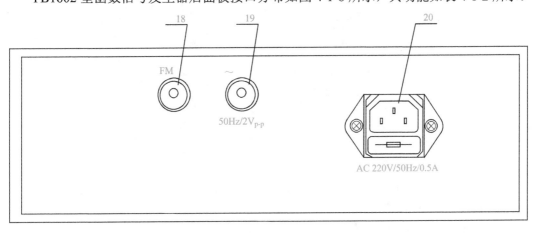

图 4-1-8　YB1602 型函数信号发生器后面板接口分布

表 4-1-2　信号发生器后面板接口功能

序号	名 称	功 能
18	调频（FM）输入端口	外调频波由此端口输入，输入电压为 10Hz～20kHz 的调制信号时电压输出端口输出为调频信号
19	50Hz 正弦波输出端口	50Hz 约 2V$_{p-p}$ 正弦波由此端口输出
20	交流电源 220V 输入插座	

4. 函数信号发生器的使用方法

YB1602 型函数信号发生器前面板如图 4-1-9 所示。

（1）开机准备：打开电源开关之前，应首先检查输入的电压是否为 220V，确认无误后，再将电源线插入后面板的电源插座，然后按照表 4-1-3 设定各个控制按钮。

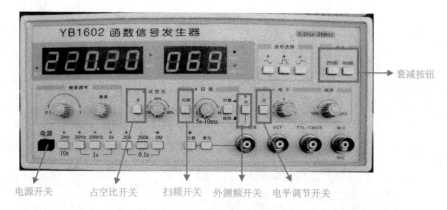

图 4-1-9   YB1602 型函数信号发生器前面板

表 4-1-3   按 钮 设 置

控制键名称	控制键状态（按下/弹出）
电源开关	弹出
衰减按钮	弹出
外测频开关	弹出
电平调节开关	弹出
扫频开关	弹出
占空比开关	弹出

（2）按下电源开关 1，电源指示灯亮。信号发生器默认输出信号为 10kHz 的正弦波，此时 LED 显示窗口显示该输出信号的频率。

（3）50Ω 主函数信号的输出。

①将与 50Ω 匹配的输出电缆插入信号电压输出端 11，另一端输入到示波器进行显示和测量。

②按下频率范围选择按钮 17 中的 20k 按钮，旋转频率调节旋钮 3 使 LED 频率显示窗口 2 显示的输出频率为 2.000kHz。按下信号波形选择按钮 8 中的正弦波（〜）按钮，使输出波形为正弦波。调节信号输出幅度调节旋钮 10，使 LED 幅度显示窗口 5 显示的输出幅度为 2.000V_{p-p}。

③用示波器观察由信号发生器输送过来的信号，精确计算信号的频率及幅度，并和信号发生器上显示的数字相比较（注意：输出信号的频率和幅值以示波器测量数据为准）。

按下电平调节开关 2，调节电平调节旋钮，同时观察示波器上波形，可以看到偏置直流电平的变化。

④电平调节开关处于关闭状态。按下信号波形选择按钮 8 中的三角波按钮，使输出波形为三角波，同时观察到示波器上显示的三角波波形。按下信号波形输出幅度衰减选

择按钮 9 中的 20dB 衰减按钮，使输出信号衰减 10 倍。此时 LED 幅度显示窗口 5 显示输出信号幅度为 0.200V$_{p-p}$（即 200mV$_{p-p}$）。调节输出信号幅度调节旋钮 10，可从示波器上观察到信号幅度的变化。精确计算示波器上信号的频率及幅度，并和信号发生器上显示的数字相比较。

⑤按下信号波形选择按钮 8 中的方波按钮，使输出波形为方波，同时观察到示波器上显示的方波波形。同时按下信号波形输出幅度衰减选择按钮 9 中的 20dB 和 40dB 衰减按钮，使输出信号衰减 1000 倍。此时 LED 幅度显示窗口 5 显示输出信号幅度为 2mV$_{p-p}$。调节信号输出幅度调节旋钮 10，使信号幅度为 10mV$_{p-p}$。精确计算示波器上信号的频率及幅度，并和信号发生器上显示的数字相比较。按下占空比开关 4，调节占空比旋钮，观察波形占空比的变化。

（4）输出 TTL 脉冲信号。

①将输出电缆插入 TTL/CMOS 电平输出端 13，另一端输入到示波器进行显示和测量。

②按下频率范围选择按钮 17 中任一按钮，旋转频率调节旋钮 3 可改变输出信号的频率。可用示波器观察到方波或脉冲波。此输出可作为 TTL/CMOS 数字电路实验的时钟信号源。

（5）扫频信号的输出（以正弦波为例）。

①输出电缆接 50Ω 信号电压输出端 11，另一端输入到示波器进行显示和测量。

②调节相应旋钮，使信号发生器输出 1000Hz、0.5V 的正弦波信号。按下扫频开关，输出的为扫频信号。将对数/线性按钮置于弹起状态，旋转扫描速率旋钮，可以在示波器上观察到按线性规律变化的扫描信号。若按下对数/线性按钮，然后旋转扫描速率旋钮，则可以观察到按对数规律变化的扫描信号。

（6）外测频功能。扫频开关处于关闭状态，按下外测频率开关 7。外测频率信号从计数/频率端口输入，选择适当的频率范围，由高量程向低量程选择合适的有效数字，确保测量精度，此时可从 LED 窗口观察到外测信号频率的大小。若溢出指示灯亮，则需提高一个量程。将一台信号发生器的输出端与另一台信号发生器的计数/频率端口相连接，调节输出信号的频率，同时观察测试频率的窗口，两者应相同。

四、函数信号发生器的维护

（1）把仪器接入电源之前，应检查电源电压值和频率是否符合仪器要求。

（2）为了得到更好的使用效果，建议开机预热 30min 后再进行使用。

（3）信号发生器输出端严禁短路，否则会烧坏仪器。

（4）外测频时，先选择高量程挡，然后根据测量值选择合适的量程，确保测量精度。

（5）各输入端口输入电压不要高于±35V。

（6）当信号发生器和示波器相连时，应注意地线与地线相连，信号线与信号线相连，严禁接错损坏仪器。

实战演练与考核

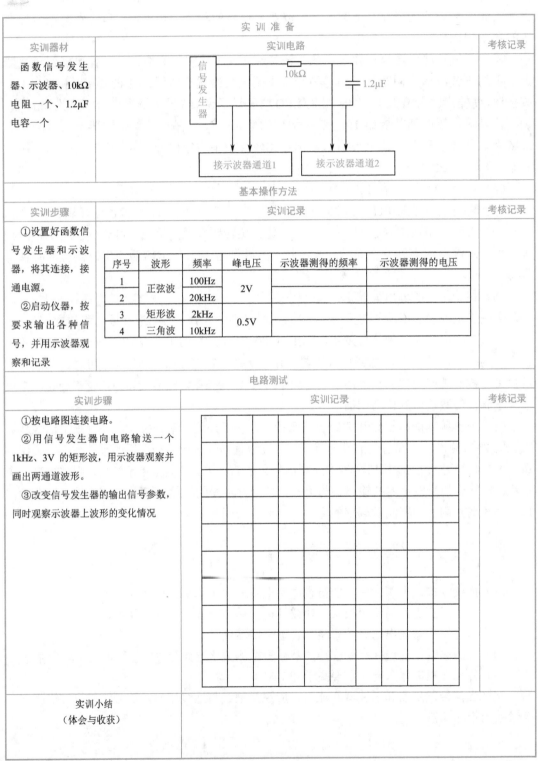

		实 训 准 备			
实训器材		实训电路			考核记录
函数信号发生器、示波器、10kΩ电阻一个、1.2μF电容一个	信号发生器 —— 10kΩ —— 1.2μF　接示波器通道1　接示波器通道2				

	基本操作方法				
实训步骤		实训记录			考核记录
①设置好函数信号发生器和示波器,将其连接,接通电源。②启动仪器,按要求输出各种信号,并用示波器观察和记录					

序号	波形	频率	峰电压	示波器测得的频率	示波器测得的电压
1	正弦波	100Hz	2V		
2		20kHz			
3	矩形波	2kHz	0.5V		
4	三角波	10kHz			

	电路测试		
实训步骤		实训记录	考核记录
①按电路图连接电路。②用信号发生器向电路输送一个1kHz、3V 的矩形波,用示波器观察并画出两通道波形。③改变信号发生器的输出信号参数,同时观察示波器上波形的变化情况			
实训小结（体会与收获）		

任务评价

序　号	考核内容	评分要素	配分	评分标准	得分
1．准备工作（3分）	检查电源是否符合要求	信号发生器及示波器所使用的电源应符合要求，机壳应接地	1	未经检查就直接上电的扣1分	
	相关旋钮是否旋到位		1	未做此工作的扣1分	
	打开电源后预热		1	未预热扣1分	
2．基本操作方法（50分）	将示波器与信号发生器的数据线正确连接	示波器与信号发生器的地线和地线相接，信号线和信号线相接，不得接错	10	接错的扣10分	
	按实训要求输出信号，并用示波器观察		40	不能正确操作无法得到相应数据的每项扣5分	
3．电路测试（40分）	按电路图正确连接电路		5	不能正确连接电路的扣5分	
	用信号发生器向电路输送所需信号		15	未按要求输出信号的每项扣5分	
	用示波器观察相应的电路信号波形		10	无法示波器观察到正确波形的扣10分	
	在图中画出观察到的波形		10	所画波形不正确每项扣5分	
4．操作规范（2分）	使用仪器的过程中应注意仪器安全	测量过程中动作应轻缓，不可用力过猛或随意乱旋转	2	未按要求做扣2分	
5．（5分）	安全文明操作	按国家或企业颁发的有关规定进行操作，注意人身和电路的安全	5	每违反一次规定从总分中扣5分	

维修技巧一点通

　　故障现象　开机无显示。

　　解决方法　这种情况多数是由电源故障引起的。首先查看仪器的熔断器是否完好（熔断器通常位于仪器的后面板上），若损坏，则直接更换熔断器；如果熔断器完好，则打开仪器的外壳，将仪器内部的排线重新插紧，多数故障都可以排除。

检测技巧小提示

　　（1）函数信号发生器能否用主信号端产生 TTL 信号（不是用 TTL 输出端）？

　　答　可以。

　　【操作方法】

　　①将主信号端的波形设置为"方波"。

　　②将输出信号的幅度低电平设置为0V，高电平设置为3.3V（如果要 5V TTL 就设置为5V）。

　　这样输出就是 TTL 信号了，不过以上方法只能输出简单的时钟信号，或通过任意波的方式输出某种码型的周期性数字信号。

（2）把电压表接入信号发生器两端，当改变频率时，为什么电压表的示数会改变？

答　很可能是因为电压表对交流频率响应不同造成的。一般的万用表或者电压表只能测量相对较低频率的电压信号，即使是数字式万用表，能准确测量的交流频率也仅有几百 kHz，所以当电路频率改变，由于电压表这样的特性，造成了示数改变，如果要准确测量不同频率的交流信号的电压，应该使用毫伏表。

（3）如何用信号发生器产生直流信号？

答　信号发生器都可以产生直流信号，有的在 UTILITY 里面设置，有的在任意波里面设置，具体对应仪器型号。若真的没有直流这个功能的，可以使用如下方法：输出一个正弦信号，频率 20kHz，幅度选到最小，直流偏置就设置为所要的直流电压值，这样输出的也基本可以看做一个直流信号。

（4）使用函数信号发生器及直流稳压电源时应注意什么？

答　使用函数信号发生器时要注意输出的信号要由小到大，缓慢调节。每次变换频率及波形时，要把输出信号关到最小处。使用直流稳压电源时应注意输出的电压及电流是否能够带起负载并有一定的余量，接线时注意正负极性不要短路。

（5）需要一个峰-峰值电压为 100mV 左右的正弦信号，用信号发生器输出的正弦波（波形很好），峰-峰值电压为 1.2V，用电阻分压后产生 100mV 的电压，为什么两个电阻分压后波形会有畸变？

答　原因可能由如下几方面产生：测量问题、信号发生器问题、阻抗匹配问题。其中：

① 测量问题：示波器表笔阻抗是 50Ω 还是 10kΩ；

② 信号发生器问题：带负载能力；

③ 阻抗匹配问题：高频段传输信号相当于水流模型，水龙头、水管、容器入口的粗细大小分别对应信号源、传输线、负载的电阻大小及在高频时的电容和电感大小，这里称为阻抗。只有它们一致时才能很好地传输，否则入射波和反射波叠加，波形会变差。

解决方案　改变阻抗。串接一个小电阻或电感；或者信号放大后再分配；或用专门的功率分配器件。

（6）信号发生器接入负载后幅值为什么会变化？

答　因为信号发生器使用的是负反馈，接入负载后，负反馈增加，使输入减小，所以幅值会减小。

任务 2　脉冲信号发生器的使用与维护

工作任务

（1）正确连接和使用脉冲信号发生器和示波器。

（2）使用脉冲信号发生器输出电路所需的脉冲信号，并用示波器观察信号波形。

（3）总结脉冲信号发生器面板上的各个功能开关和旋钮的作用，以及它们对输出信号波形的影响。

![相关知识]

脉冲信号是指持续时间较短、宽度及幅度有特定变化规律的电压或电流信号，如常见的矩形波、锯齿波、钟形脉冲及数字编码序列等，如图 4-2-1 所示。

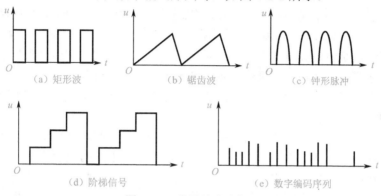

图 4-2-1　常见的脉冲信号

脉冲信号发生器（也叫脉冲信号发生源）是可以产生重复频率、脉冲宽度及幅度均为可调的脉冲信号的信号发生器，其种类繁多，性能各异，不仅用于研究和测试脉冲电路、数字电路及逻辑元件的开关特性，还广泛用于雷达、激光、航天、数字通信、计算机、自动控制、集成电路和半导体器件的测量测试领域，是时域测量的重要仪器。脉冲信号发生器的外观如图 4-2-2 所示。

图 4-2-2　脉冲信号发生器外观

脉冲信号发生器一般都以矩形波为标准信号输出，输出的矩形脉冲信号又分为单脉冲和双脉冲，如图 4-2-3 所示。

图 4-2-3　单脉冲和双脉冲波形

一、脉冲信号发生器的基本知识

1. 脉冲信号发生器的基本工作原理

脉冲信号发生器虽然种类繁多，性能各异，但是其内部的基本组成电路都包括主振级、隔离级、脉宽形成级、放大整形级、输出级等几部分，如图 4-2-4 所示。

图 4-2-4　脉冲信号发生器基本电路框图

（1）主振级：一般由无稳态电路组成，负载形成周期信号，决定输出脉冲重复频率，具有较高频率稳定度和较宽的频率调节范围。

（2）隔离级：负责隔离脉宽形成电路对主振级的负载影响。它通过阻抗隔离或阻抗变换电路、开关电路等来减轻主振级的负载，以提高频率的稳定度。

（3）脉宽形成级：一般由单稳态触发器和相减电路组成，形成脉冲宽度可调的脉冲信号，实现脉冲宽度的设置。

（4）放大整形级：利用几级电流开关电路对脉冲信号进行限幅放大，以改善波形的形状，确保生成脉冲的质量，其放大电流的作用可以满足输出级的激励需要。

（5）输出级：主要包括输出衰减电路、放大电路、输出阻抗匹配电路及输出控制电路等。负载满足脉冲信号输出幅度的要求，使脉冲信号发生器具有一定的带负载能力，通过衰减器使输出的脉冲信号幅度可调。

2．脉冲信号发生器的种类

（1）通用脉冲发生器：满足一般的要求，能够调节脉冲的重复频率、宽度、输出幅度及极性等参数的脉冲发生器。有些通用脉冲发生器除了能输出主脉冲外，还可以输出一个超前于主脉冲的同步脉冲，而且两个脉冲间的延时可调，即双脉冲输出。

（2）快速脉冲发生器：快速脉冲发生器可用于数字通信、雷达、时域特征测量等场合。在时域测量中，快速脉冲发生器用来提供广谱的激励信号。理论上脉冲信号可以产生无限的频谱，但实际上由于器件、电路、工艺及噪声等因素，频谱有限，包括大幅度快速脉冲信号发生器和小幅度快速脉冲信号发生器等。

（3）数字化可编程脉冲信号发生器：具备通用脉冲信号发生器全部的输出特性，通过接口可以接收任何程序数据源（如计算机等）的控制，成为自动测试系统中的一个组成部分。向着高精度、高自动化方向发展，采用数字化可编程技术，并带有串行数据输出能力。

（4）特种脉冲信号发生器：也称专用脉冲发生器，针对特殊应用、某些参数有特殊要求而设计的信号发生器，如紧密延迟脉冲信号发生器、功率脉冲发生器等。

3．脉冲信号发生器的主要特点

（1）脉冲上升沿、下降沿可调。
（2）可输出上升沿、下降沿较快的方波。
（3）可输出上升沿、下降沿较慢的梯形波、三角波、锯齿波。

二、ⅢXC—14 型脉冲信号发生器的使用方法

1．ⅢXC—14 型脉冲信号发生器面板介绍

ⅢXC—14 型脉冲信号发生器面板如图 4-2-5 所示，其各部分功能如表 4-2-1 所示。

相关知识

图 4-2-5　ⅢXC—14 型脉冲信号发生器面板

表 4-2-1　ⅢXC—14 型脉冲信号发生器面板各部分功能

序　号	名　　称	图　示	功　　能
1	电源开关及指示灯		交流输入电源通/断控制，"电源"开关置"通"时，上侧指示灯亮
2	"频率粗调"开关		调节"频率粗调"开关和"频率细调"旋钮，可实现 3kHz～50MHz 的连续调整。粗调分为十挡（3kHz、10kHz、30kHz、100kHz、300kHz、1MHz、3MHz、10MHz、30MHz 和 50MHz），用细调覆盖
2	"频率细调"旋钮		"频率细调"旋钮顺时针旋转时频率增高，顺时针旋转到底，为"频率粗调"开关所指频率；逆时针旋转到底，为此"频率粗调"开关所指刻度低一挡。例如，"频率"粗调开关置于 10kHz 挡，"频率细调"旋钮顺时针旋转到底时输出频率为 10kHz；逆时针旋转到底时输出频率为 3kHz
3	"脉宽粗调"开关		通过调节此组开关和旋钮，可实现脉宽 10ns～300μs 的连续调整。"脉宽"粗调分为十挡（10ns、30ns、100ns、300ns、1μs、3μs、10μs、30μs、100μs、300μs），用细调覆盖
3	"脉宽细调"旋钮		"脉宽细调"旋钮逆时针旋转到底为粗调挡所指的脉宽时间。顺时针旋转脉宽增加，顺时针旋转到底为此粗调挡位高一挡的脉宽。例如，"脉宽粗调"开关置于 10ns 挡，"脉宽细调"旋钮顺时针旋转到底时输出脉为 30ns；逆时针旋转到底时输出延迟时间为 10ns

续表

序号	名称	图示	功能
4	"极性"选择开关		转换此开关可使仪器输出正、负脉冲及正、负倒置脉冲波形中的一种
5	"偏移"旋钮		调节偏移旋钮可改变输出脉冲对地的参考电平
6	"衰减"开关和"幅度"旋钮		调节此组开关和旋钮,可将信号进行 0～24dB 衰减后输出,以实现 150mV～5V 的输出脉冲幅度调整
7	单次触发	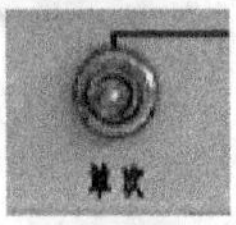	轻按此钮可以输出一个单次脉冲,单次脉冲的宽度等于按钮按下的时间
8	外触发输入端		外部触发信号可由此输入
9	同步输出端		输出波形为 TTL 脉冲信号,可作为同步信号使用
10	输出端	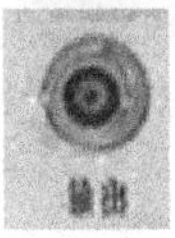	脉冲信号发生器产生的信号由此端口输出

2. IIIXC—14 型脉冲信号发生器的使用

（1）开机准备。打开电源开关之前,应首先检查输入的电压是否为 220V,再将电源线插入后面板的电源插座,然后将输出电缆的一端接脉冲信号发生器输出端,另一端输入到示波器进行显示和测量。

（2）打开电源开关,预热 15min 左右。

（3）信号的输出。首先应根据电路的实际需求,确定脉冲信号的预设值,即脉冲信号的重复频率、宽度、输出幅度及极性等参数,然后按下列步骤调整信号发生器的相关功能开关或旋钮,同时通过示波器进行实时观察,直至符合预设值的要求,如图 4-2-6 所示。

①根据预设值要求,将频率粗调开关旋转到合适的挡位,旋转频率细调旋钮,同时从示波器上观察此波形,计算信号的频率,使输出的脉冲信号符合预设值的频率要求。

②旋转衰减开关和幅度旋钮,同时从示波器上观察此波形,使输出的脉冲信号符合预

设值的幅度要求。

③转动脉宽粗调开关及细调旋钮，同时从示波器上观察，使输出信号的脉宽符合预设值的脉宽要求。

④根据所需信号的要求，将极性选择开关置于合适的挡位，旋转偏移旋钮，改变输出脉冲对地的参考电平，同时在示波器上观察，使输出波形符合电路需求。

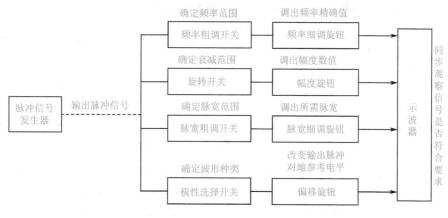

图 4-2-6 信号的输出

（4）使用单次触发功能，向示波器输出单个脉冲信号，延长按下按钮的时间，可看到脉冲宽度随之变宽。

（5）将输出电缆两端分别接脉冲信号发生器的同步输出端和示波器的输入端口，可观察到同步信号。

3. 使用 ⅢXC—14 型脉冲信号发生器的注意事项

（1）本仪器不能空载使用，必须接入 50Ω 负载，并尽量避免感性或容性负载，以免引起波形畸变。

（2）开机后预热 15min 后，仪器方能正常工作。

实战演练与考核

实 训 报 告						
实 训 准 备						
班 级		姓名（学号）		日 期		得 分
实训目的	①掌握脉冲信号发生器的操作方法； ②能按要求输出所需要的脉冲信号					
实训器材	脉冲信号发生器；示波器					
实 训 步 骤						
①正确连接脉冲信号发生器和示波器。						
②检查电源是否符合要求，开机预热。						

续表

实 训 报 告
实训步骤
③调整脉冲信号发生器的相关开关和旋钮，使之输出 100kHz、200mV 的脉冲信号，在图（a）中画出观察到的信号波形。 ④旋转极性选择开关，使脉冲信号发生器分别输出四种波形，在图（b）、（c）、（d）中画出相应的波形。 ⑤改变面板上的各个功能开关和旋钮，同时观察信号波形的变化情况，找出规律。
实训记录

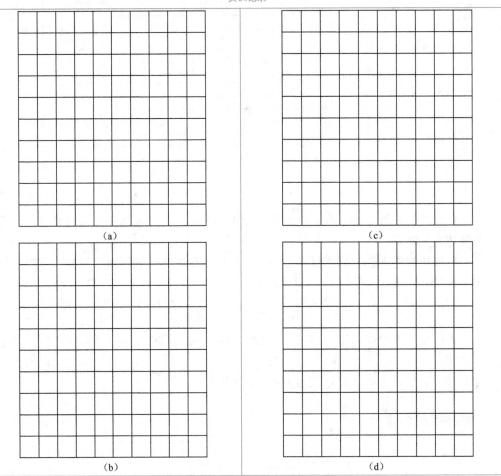

<table>
<tr><td>实训结果分析</td><td>改变面板上的各个功能开关和旋钮，信号波形的变化规律是：</td></tr>
<tr><td>实训小结
（体会与收获）</td><td></td></tr>
</table>

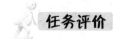

任务评价

序　号	考核内容	评分要素	配　分	评分标准	得　分
1	脉冲信号发生器的使用	①正确连接脉冲信号发生器和示波器； ②检查电源，开机预热； ③按要求输出信号	50	①未加负载就直接使用脉冲信号发生器的扣30分 ②无法正确连接脉冲信号发生器和示波器的扣30分 ③未做开机前准备工作的扣10分 ④无法按要求输出的扣20分	
2	实训分析能力	能够将观察到的波形正确画出	40	未能准确画出相应波形的每项扣10分	
		总结功能开关旋钮与波形变化规律正确、完整	10	总结不正确或不完整的每项扣2分	

项目核心内容小结

　　信号发生器是一种能够产生不同频率、不同幅度、不同波形振荡信号的电子设备，广泛应用于电子研发、维修、测量、校准等领域。它的种类很多，其中函数信号发生器可以输出多种波形、信号频率范围宽而且可调；脉冲则可以产生重复频率、脉冲宽度及幅度均为可调的脉冲信号。函数信号发生器常用于科学实验、产品研发、生产维修、IC芯片测试等，脉冲信号发生器多用于研究和测试脉冲电路、数字电路及逻辑元件的开关特性，是时域测量的重要仪器，在雷达、激光、航天、数字通信、计算机、自动控制、集成电路和半导体器件的测量测试领域中被广泛应用。

项目五

数字频率计的使用与维护

项目说明

　　数字频率计是对信号的频率进行测量并显示测量结果的数字电子测量仪器，主要用于测量正弦波、矩形波、三角波和尖脉冲等周期性信号的频率值。它用十进制数字显示被测信号的频率，适合不同频率、不同精度测频的需要，是计算机、通信设备、音频视频等科研生产领域不可缺少的测量仪器。在进行模拟或数字电路的设计、安装、调试过程中，因其测量迅速、精度高且显示直观等特性而被广泛使用。本项目将以HC—F1000L 型多功能频率计为例，系统介绍频率计的性能及使用方法，力图使操作人员通过本项目的训练达到熟练运用频率计为生产、科研服务的目的。

项目要求

　　（1）了解频率计的基本用途及特点。

　　（2）熟悉频率计按键的作用，熟练掌握频率计的使用方法，能够熟练运用频率计对信号频率进行测量。

项目计划

　　时间：2 课时。

　　地点：电子实验室、电子工艺实训室、售后维修中心。

项目实施

　　（1）以组为单位到电子实验室了解实验室中常用的频率计的种类、型号，以及使用的场合；有条件的话还可以到一些电子产品的售后维修中心进行实地考察，尽可能充分了解频率计在实际中的使用情况（主要用途、性能方面的优势等），并将走访结果进行整理后在组间交流汇报。

　　（2）对照频率计的使用说明，对频率计的旋钮功能、使用方法进行探究，并将探究结果进行组内交流；教师就学生交流过程中发现的问题给予适时的指导、点评。

　　（3）结合实训任务进行实际操作，教师对学生的操作给予适时的指导、点评。

任务 数字频率计的正确使用与维护

工作任务

（1）正确调试数字频率计。

（2）利用频率计测量待测信号的频率、周期，使用累计计数功能进行计数。

相关知识

频率计又称为频率计数器，是一种专门用来对被测信号频率进行测量，并用十进制数字显示被测信号频率的数字电子测量仪器。它的基本功能是测量正弦波、矩形波、三角波、尖脉冲信号及其他各种周期性变化的信号的频率。在实际中，许多物理量，如温度、压力、流量、液位、pH 值、振动、位移、速度、加速度，乃至各种气体的百分比成分等都可以用传感器转换成信号频率，然后用频率计来测量，以提高测量结果的精确度。在计算机、通信设备、音频视频等科研生产领域，频率计也是不可缺少的测量仪器。在模拟或数字电路设计、安装、调试过程中，频率计更是因其测量迅速、精度高且显示直观的特性而被经常使用。

一、频率计的基本工作原理及分类

1. 频率计测量的工作原理

所谓频率，就是周期性信号在单位时间（1s）内变化的次数。对脉冲信号而言，其频率就是 1s 内的脉冲个数。将 1s 内的脉冲信号进行计数并将计数结果（即该信号的频率）以十进制方式显示出来，就是最简单的频率计。其基本工作原理如图 5-1 所示。

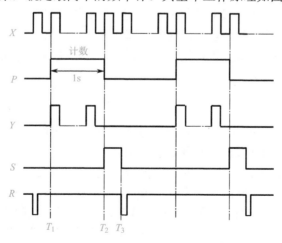

图 5-1 频率计测量的工作原理

图 5-1 中，X 为被测脉冲信号，P 为脉冲宽度为 1s 的闸门信号，在闸门信号持续的时间内对输入的脉冲信号 X 进行计数，也就是在 T_1 时刻开始计数，T_2 时刻计数结束。受锁存信号 S 控制，计数结果（频率值）Y 被锁存到锁存器，并通过译码器、显示器显示出来，在 T_3 时刻计数器被清零信号 R 清零，准备下一次的计数，一次测量结束。显示数值在 T_2 时刻更换，数字的显示时间=T_3-T_2+（0～2）s，改变 T_3-T_2 可以调节显示时间的长短。

2．频率计的基本结构

频率计主要由输入电路、计数器、锁存器、时基电路、译码显示电路及控制电路构成，如图 5-2 所示。

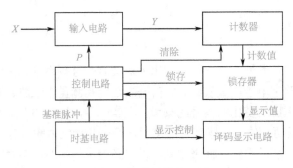

图 5-2　频率计结构框图

（1）输入电路：将输入的被测信号放大整形为计数器所要求的脉冲信号（其频率与被测信号频率相同）后送入计数器。

（2）时基电路：提供标准时间基准信号，控制闸门开放时间。

（3）控制电路：一是产生有一定的时序要求的锁存信号，使显示器上的数字稳定；二是产生清零脉冲，使计数器每次测量从零开始计数。

（4）计数器：在规定的时间内完成对输入电路送来的被测计数脉冲信号的计数。计数结果一般为二进制，并将计数结果输出送往锁存器，再由控制电路提供的清除信号清零。等待下一次计数的开始。

（5）锁存器：暂存每次测量的计数值，为显示电路提供显示数据。锁存器由控制电路提供的锁存信号控制更换数值，以正确地显示每一次的测量结果。

（6）译码显示电路：对锁存器的输出数据译码，将之变为七段数码，并驱动数码显示器显示出十进制的测量结果。

3．频率计的种类

国际上数字频率计的分类很多，外观如图 5-3 所示。按照功能有通用和专用之分，其中通用频率计是一种具有多种测量功能、多种用途的万能频率计；专用频率计是专门用来测量某种单一功能的频率计。按照频段来分，频率计可分为低速频率计（最高计数频率 <10MHz）、中速频率计（最高计数频率 10～100MHz）、高速频率计（最高计数频率 >100MHz）、微波频率计（最高计数频率 1～80THz 或更高）。按照测频方式的不同，频率计可以分为直接计数和倒数计数两大类。直接计数是简单记录已知周期的信号循环次数，将所得到的计数直接送至计数器显示，分辨率固定为 Hz；倒数计数器是测量输入信号的周期，然后将周期取倒数得到频率，其分辨率为显示位数（而非 Hz）。所以，在对分辨率、速度没有严格要求时直接计数器是经济的选择，而对于快速和高分辨率的测量，则应选倒数计数器。本项目将以 HC—F1000L 型多功能频率计为例介绍频率计的正确使用方法。

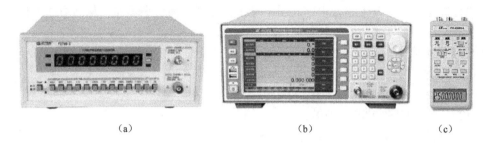

(a)   (b)   (c)

图 5-3　频率计外观

二、HC—F1000L 型数字频率计简介

HC—F1000L 型数字频率计（如图 5-4 所示）是一种多功能智能化仪器，它应用单片机控制和运算，采用大规模集成电路，具有 8 位亮度等级 LED 显示、频率测量、脉冲计数及周期测量等功能，并具备高稳定性的晶体振荡器保证测量精度和全输入信号检查；具有精度高、体积小、功耗小、携带方便等特点。

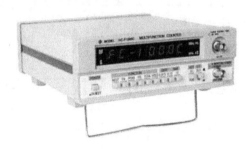

图 5-4　HC—F1000L 型数字频率计

1. HC—F1000L 型数字频率计的主要技术指标

（1）频率的测量范围：此频率计测量的频率范围是 1Hz～1GHz。它有两个输入通道，A 通道（低频的测量输入端口），其测量范围是 1Hz～100MHz；B 通道（高频的测量输入端口），其测量范围是 100MHz～1GHz。

（2）周期的测量：仅限于 A 通道，测量的周期范围是 0.01μs～1s。

（3）输入阻抗：A 通道约为 1MΩ，B 通道约为 50Ω。

（4）输入灵敏度：A 通道 1Hz～20Hz 时为 35mV，20Hz～100MHz 时为 20mV；B 通道 100MHz～1000MHz 时为 20mV。

（5）闸门时间预选：有 1s、0.1s、0.01s 三个挡位，按下相应的按键可以选择相应的闸门时间。

（6）输入衰减：仅限于 A 通道的输入信号衰减，×1 是不衰减，按下以后衰减 20 倍。

（7）输入低频滤波：仅限于 A 通道，最高频率范围为 100kHz 以下，即 LF 按键，当按下此按键时，在 100kHz 的频率范围内具有低通滤波的功能，可以改善低频特性，增强抗干扰能力。

（8）最高安全电压：A 通道最高输入电压为 250V，B 通道最高输入电压为 3V。

（9）时基输出：在频率计内部采用了温度补偿型晶体管振荡器，从它后面的插孔内可以输出 10MHz 的频率信号。

（10）显示特性：频率计采用八位七段发光二极管数字显示，并且具有 MHz、kHz、Hz、μs 指示灯。

（11）适宜工作温度：0～40℃。

（12）工作电压：220V，50Hz。

（13）功耗：不大于 5W。

2．HC—F1000L 型数字频率计面板介绍

1）前面板

频率计的控制调试按钮、按键都集中在前面板，如图 5-5 所示，其功能及作用如表 5-1 所示。

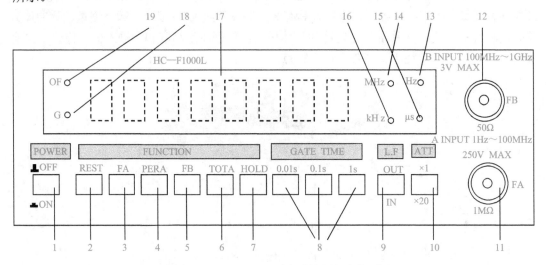

图 5-5　HC—F1000L 型多功能频率计前面板

表 5-1　频率计前面板按键、旋钮功能

序号	名称及图示	功能和作用
1	**POWER** ![POWER ON/OFF]	电源开关。按钮按下时电源接通，显示屏上将显示数字。按钮弹起时电源关闭
2	**REST** ![REST]	复位按键。按下此键时显示屏清零，显示数字恢复为 0，可开始新一轮的测试

续表

序号	名称及图示	功能和作用
3、5	输入端口选择按键  FA　FB	按下 FA 键并选择相应的闸门时间时可对 A 通道信号进行测量；按下 FB 键并选择相应的闸门时间可对 B 通道信号进行测量
4	PERA  PERA	A 通道周期测量键。按下此键并选择闸门时间可以对 A 通道的信号进行周期测量
6	TOTA TOTA 	计数功能键，只能对 A 通道进行计数。计数键按下后，计数器开始计数，并将计数结果实时显示出来。按下 HOLD 键（保持功能键），计数显示将保持不变，此时计数器仍在计数。释放 HOLD 键后计数显示则与计数同步。当计数功能键释放时计数显示将保持，再次按下计数功能键计数器将清零，并从零开始计数
7	HOLD  HOLD	保持功能键。按下此键可以锁定当前的显示数字，显示将保持不变，此键弹起后频率计进入正常工作状态
8	GATE TIME  GATE　TIME 0.015s　0.1s　1s	闸门时间选择键。用于频率、周期测量时，选择不同的分辨率及计数器计数的周期。有 0.01s、0.1s、1s 三个闸门时间可供选择，按下相应按键可选择相应的闸门时间，闸门时间越短，频率越高，分辨率越低；闸门时间越长，频率越低，分辨率越高
9	L.F 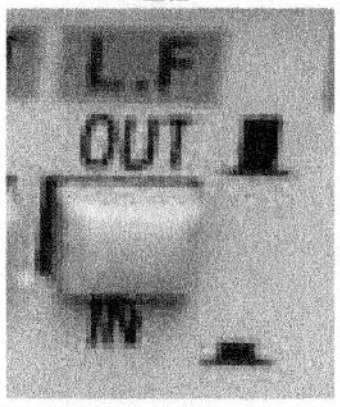 L.F OUT IN	低通滤波器，按下此键时可以对 A 通道输入的 100kHz 频率范围内的信号进行低通滤波，以提高低频测量的准确性和稳定性，提高抗干扰性能
10	ATT  ATT X1 X20	A 通道衰减功能键，弹起时不衰减，按下此键时可以将输入信号衰减 20 倍
11	A 通道输入端口 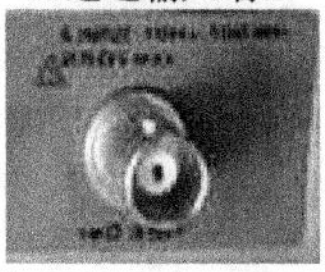	信号的频率在 1Hz～100MHz 范围内时接入此端口进行测量。当输入信号幅度大于 300mVrms 时，应按下衰减开关 ATT，降低输入信号的幅度能提高测量值的精确度。当信号频率小于 100kHz，应按下低通滤波器进行测量，可防止叠加在输入信号上的高频信号干扰低频主信号的测量，以提高测量值的精确度

续表

序号	名称及图示	功能和作用
12	B 通道输入端口	信号的频率在 100MHz～1GHz 范围内时接入此端口进行测量
13、14、15、16	指示灯 MHz Hz KHz uS	Hz：测量低频信号（信号频率<1kHz）时此灯自动点亮。显示测量结果的频率单位为 Hz
		MHz：测量大于或等于 1MHz 信号时此灯自动点亮，显示测量结果的频率单位为 MHz
		μs：周期测量时此灯自动点亮。显示测量结果的周期单位为 μs
		kHz：测量大于 1kHz 且小于 1MHz 信号时此灯自动点亮。显示测量结果的频率单位为 kHz
17	数据显示窗口 20936	测量结果在此窗口显示
18	G 指示灯 G	闸门指示灯，显示频率计的工作状态，灯亮表示正在测试，灯灭说明测试结束，等待下次测量。（注：灯亮时显示窗口显示的数据为前次测量的结果，灯灭后，新的测量数据处理后将被立即送往显示窗口进行显示）
19	OF 溢出指示灯 OF	在进行计数测量超出了 8 位时自动点亮

2）后面板

如图 5-6 所示，HC—F1000L 型数字频率计的后面板上只有两个端子——交流电源输入插座和 10MHz 标频输出端。其功能如表 5-2 所示。

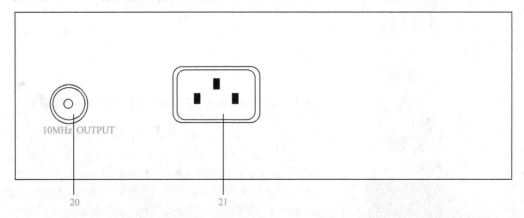

图 5-6　HC—F1000L 型多功能频率计后面板

表 5-2　HC—F1000L 型数字频率计后面板端子功能

序　号	名　　称	功　　能
20	10MHz 标频输出端	内部基准振荡器的输出插座，该插座输出一个 10MHz 脉冲信号，这个信号可用作其他频率计数的标准信号
21	交流电源的输入插座（交流 220V±10%）	

三、频率计的使用方法

1. 频率的测量

利用频率计测量输入信号的频率按如图 5-7 所示流程进行。

（1）当被测信号小于 100MHz 时：

①按下电源开关，预热 5min 左右。

②将待测信号输入 A 通道端口，按下 FA 键。

③根据输入信号的幅度大小决定衰减按键置于×1 或×20 位置；输入幅度大于 3V 时，衰减开关应置于×20 位置。

④根据输入信号的频率高低决定低通滤波器按键置于"开"或"关"位置。输入频率低于 100kHz，低通滤波器应置于"开"位置。

⑤根据所需的分辨率选择适当的闸门时间，闸门时间越长，分辨率越高。

⑥将探头地线接电路地线，用探头测量相应电路点，从显示窗口读出数值。

（2）当被测信号大于 100MHz 时：

①按下电源开关，预热 5min 左右。

②将待测信号输入 B 通道端口，按下 FB 键。

③根据所需的分辨率选择适当的闸门时间，闸门时间越长，分辨率越高。

④将探头地线接电路地线，用探头测量相应电路点，从显示窗口读出数值。

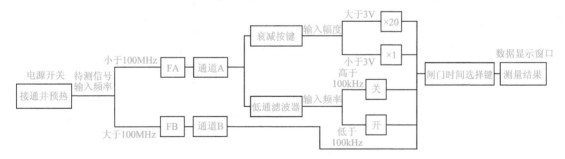

图 5-7　频率测量流程图

2. 周期的测量

利用频率计测量输入信号的周期按如图 5-8 所示的流程进行。

（1）按下电源开关，预热 5min 左右。

（2）按下 A 通道周期测量键 PERA，将待测信号接入到 A 通道端口。

（3）根据输入信号的幅度大小决定衰减按键置×1 或×20 位置；输入幅度大于 3V 时，

衰减开关应置×20 位置。

（4）根据输入信号的频率高低决定低通滤波器按键置"开"或"关"位置。输入频率低于 100kHz，低通滤波器应置"开"位置。

（5）根据所需的分辨率选择适当的闸门时间，闸门时间越长，分辨率越高。

（6）将探头地线接电路地线，用探头测量相应电路点，从显示窗口上读出数值。

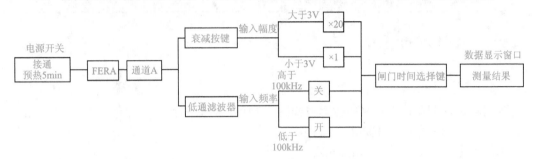

图 5-8   周期测量流程图

3．累计计数

利用频率计对输入信号进行累计计数时按如图 5-9 所示的流程进行。

（1）按下电源开关，预热 5min 左右。

（2）按下"TOTA"计数功能键，将待测信号接入到 A 通道端口。此时闸门指示灯 G 亮，表示计数门已打开，计数开始。

（3）根据输入信号频率高低和信号幅度大小，决定低通滤波器和衰减器按键是否按下。

（4）释放"TOTA"键，计数控制门关闭，计数停止。

（5）当计数值超过 10^8-1 后，溢出指示灯将自动点亮，表示计数器已满，显示已溢出，而显示的数值为计数器的累计尾数。

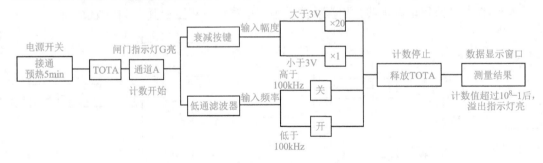

图 5-9   累计计数测量流程图

四、频率计使用的注意事项

（1）测量高压、强辐射信号时，应在输入端串入大的衰减电阻，使信号衰减后再测量以防止损坏仪器。

（2）在无信号输入时，可能是非 0 显示，此为正常现象，不影响正常使用和准确度。

（3）如果显示不正常或死机，按复位键或关机后重新开机即可。

（4）不可将频率计放置于高温、潮湿、多灰尘的环境，防止剧烈振动，以延长使用寿命。

实战演练与考核

实 训 准 备		
实验器材	信号发生器、频率计	
实训过程		
实训内容	测量记录	考核记录
频率的测量	1. 将信号发生器与频率计的探头连接； 2. 信号①的测试：利用信号发生器产生频率为32kHz，幅度为2V的正弦波信号输入到计数器的通道中，用频率测量该信号频率 f_1； 3. 信号②的测试：将信号发生器产生的信号频率改为13MHz，幅度为4V的方信号输入到计数器的通道中，用频率计测量该信号频率 f_2； 4. 信号③的测试：将信号发生器产生的信号频率改为130MHz，幅度为1V的三角波信号输入到计数器的通道中，用频率计测量该信号频率 f_3； 5. 比较选择不同闸门时间时的测量结果理解闸门时间对测量精度的影响。	闸门时间为0.01s时 $f_1=$____ $f_2=$____ $f_3=$____ 闸门时间为0.1s时 $f_1=$____ $f_2=$____ $f_3=$____ 闸门时间为1s时 $f_1=$____ $f_2=$____ $f_3=$____	
周期的测量	利用信号发生器分别产生5kHz、100kHz、1MHz正弦波信号输入到频率计中，测量并记录相应的周期值。	（1）5kHz信号： 周期的计算值为___； 测量值为____。 （2）100kHz信号： 周期的计算值为___； 测量值为____。 （3）1MHz信号： 周期的计算值为___； 测量值为____。	
累计计数测量	分别将信号发生器产生的"1Hz、1V"和"100Hz、1V"的方波信号输送到频率计中进行计数，观察计数速度的变化，记录实验现象。	现象为：	

项目评价

序　号	考核内容	评分要素	配　分	评分标准	得　分
1. 准备工作（3分）	检查电源是否符合要求	仪器所使用的电源应符合要求，机壳应接地	1	未经检查就直接上电的扣1分	
	仪器连接	将两仪器的地线相连，信号线相连	1	连接不正确的扣1分	
		打开电源开关通电预热15min左右	1	未预热扣1分	

续表

序 号	考核内容	评分要素	配分	评分标准	得 分
2. 频率的测量（58分）	根据被测信号的频率及幅值正确选择测量通道及相应按键	信号①的测试：将信号输入到 A 通道端口；按下 FA 键；衰减按键处于弹起状态（即×1）；按下 LF 键（即低通滤波器处于打开状态）；改变闸门时间；读出数据并记录	22	未按信号合理选择通道或按键的每项扣 4 分 数据记录不准确、单位选择错误的每个扣 2 分	
		信号②的测试：将信号输入到 A 通道端口；按下 FA 键；衰减按键处于按下状态（即×20）；LF 键处于弹起状态（即低通滤波器关闭）；改变闸门时间；读出数据并记录	22		
		信号③的测试：将信号输入到 B 通道端口；按下 FB 键；改变闸门时间；读出数据并记录	14		
3. 周期的测量（22分）	正确使用频率计测试信号的周期	将信号输入到 A 通道端口，按下 PERA 进行测量并记录数据	22	端口选择错误扣 5 分，未按下周期测量键扣 5 分，数据计算错误每个扣 2 分，测量错误每个扣 2 分	
4. 累计计数测量（10分）	正确使用频率计的计数功能进行计数	将信号输入到频率计的 A 通道端口；按下 TOTA 键进行计数，改变输入信号的频率，观察计数速度的变化，总结并记录实验现象	10	端口选择错误扣 4 分，未按下计数功能键扣 4 分，未总结实验现象扣 2 分	
5. 操作规范（2分）	使用仪器的过程中应注意仪器安全	测量过程中动作应轻缓，不可用力过猛或随意乱旋转	2	未按要求做扣 2 分	
6.（5分）	安全文明操作	按国家或企业颁发有关规定进行操作，注意人身和电路的安全	5	每违反一次规定从总分中扣 5 分	

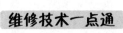 维修技术一点通

　　按下电源开头显示屏无显示，先查 220V 电压；再打开后盖查降压变压器输出有无电压，再测整流后的电压，找到故障点。

项目核心内容小结

　　数字频率计的基本功能是测量正弦波、矩形波、三角波、尖脉冲信号及其他各种周期性变化的信号的频率。在计算机、通信设备、音频视频等科研生产领域，频率计也是不可缺少的测量仪器。在模拟、数字电路设计、安装、调试过程中，频率计更是因其测量迅速、精度高且显示直观的特性而被经常使用。熟练使用频率计进行测量，对于电路分析、电子产品的故障诊断等会有很多帮助。

项目六

晶体管毫伏表的使用与维护

项目说明

　　交流毫伏表是电工、电子实验中用来测量交流电压有效值的常用电子测量仪器，主要用于测量毫伏级以下的毫伏、微伏交流电压。例如，电视机和收音机的天线输入的电压，中放级的电压以及这个等级的其他电压。其优点是：测量电压范围广、频率宽、输入阻抗高、灵敏度高，可以完成许多用普通万用表难以胜任的交流电电压测量。

项目要求

　　（1）了解晶体管毫伏表的分类和基本功能。
　　（2）掌握 DA—16 型晶体管毫伏表的面板说明。
　　（3）能够正确使用晶体管毫伏表进行相关测量。

项目计划

　　时间：2 课时。
　　地点：电子工艺实训室、电器维修部等。

项目实施

　　（1）对照晶体管毫伏表的使用说明，对毫伏表的功能、测量方法、读数方法进行探究，并将探究结果在小组内汇报；教师就学生交流过程中发现的问题给予适时的指导、点评。
　　（2）以小组为单位，分头走访电器维修部的维修人员等，了解毫伏表在实际中的使用情况（主要用途、性能方面的优势等），并将走访结果进行整理，在组间交流。
　　（3）结合实训任务进行实际操作，教师对学生的操作给予适时的指导、点评。

任务　晶体管毫伏表的正确使用与维护

工作任务

（1）认识并熟悉 DA—16 型晶体管毫伏表面板。
（2）用晶体管毫伏表测量正弦交流电路的电压。
（3）尝试晶体管毫伏表在实际中的几种应用。

相关知识

一、交流毫伏表的作用及分类

提起交流电压的测量，通常会想到用万用表。但是，许多交流电压的测量用普通万用表却难以胜任。因为交流电的频率范围很宽，高到数千兆赫的高频信号，低到几赫兹的低频信号。而万用表则是以测量 50Hz 交流电的频率为标准进行设计生产的。其次，有些交流电的幅度很小，甚至可以小到毫微伏，再高灵敏度的万用表也无法测量。此外，交流电的波形种类多，除了正弦波外，还有方波、锯齿波、三角波等，因此上述这些交流电压，必须用专门的电子电压表来测量。例如，ZN2270 型超高频毫伏表，DW3 型甚高频微伏表，DA—16 型晶体管毫伏表等。图 6-1 所示为几种常用的交流毫伏表。

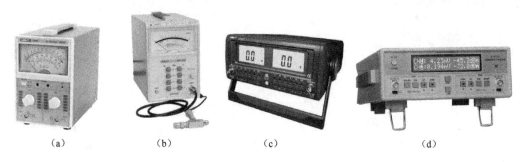

（a）　　　　　　　（b）　　　　　　　（c）　　　　　　　（d）

图 6-1　几种常用的交流毫伏表

作为一种专门测量正弦波电压有效值的仪器，交流毫伏表的分类可以有不同方法。按照电路中的元器件类型可分为电子管毫伏表、晶体管毫伏表和集成电路毫伏表。其中，晶体管毫伏表最为常见，例如，DA—16、JH811、EM2171 等都是晶体管毫伏表。按照测量信号的频率范围可分为视频毫伏表（又称为宽频毫伏表，测频范围为几 Hz 至几 MHz）、超高频毫伏表（测频范围为几 kHz 至几百 MHz）等。按照测量信号的输入通道则可分为单通道毫伏表和双通道毫伏表。按照数据的显示方式可分为指针显示毫伏表和数字显示（LED 显示）毫伏表。

二、认识 DA—16 型晶体管毫伏表

在电工电子实验室以及家电维修中，使用较多的是低频、指针显示式晶体管毫伏表，分两种型号，一种型号是 DF2173 型，另一种型号是 DA—16 型。它们都可在 20Hz～1MHz 的频率范围内测量 100μV～300V 的交流电压。DA—16 型晶体管毫伏表输入阻抗为 1MΩ，精度≤±3%，表盘按正弦波的有效值刻度，电压指示为正弦波有效值，它们都具有较宽的频率范围、输入阻抗高、测量电压范围广和较高的灵敏度、结构简单、体积小、质量轻、大镜面表头指示、读数清晰的特点。这里将以 DA—16 型晶体管毫伏表为例，介绍其使用方法。

1．DA—16 型晶体管毫伏表的外观

DA—16 型晶体管毫伏表是一种常用的低频电子电压表。它的电压测量范围为 100μV～300V，共分 11 挡量程。各挡量程上并列有分贝数（dB），可用于电平测量。被测电压的频率范围为 20Hz～1MHz，输入阻抗大于 1MΩ。其外观及面板示意图如图 6-2 所示。

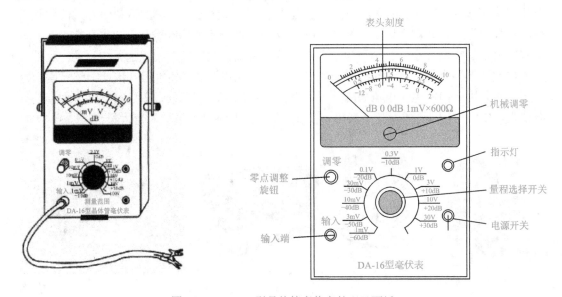

图 6-2　DA—16 型晶体管毫伏表外观及面板

DA—16 型晶体管毫伏表的外观与普通万用表有些相似，由表头、刻度面板和量程转换开关等组成，不同的是它的输入线不是用万用表那样的两支表笔，而采用同轴屏蔽电缆，电缆的外层是接地线，其目的是减小外来感应电压的影响。电缆端接有两个鳄鱼夹子，用来作为输入接线端。毫伏表的背面连着 220V 的工作电源线。使用 220V 交流电降压整流后供毫伏表作为工作电源。

2．DA—16 型晶体管毫伏表的刻度面板与量程选择开关

图 6-3（a）为 DA—16 型毫伏表的刻度面板，（b）为量程转换开关。表头刻度盘上共

刻有三条刻度线。在读取测量结果时，需要将刻度面板上的示数与量程转换开关结合起来。二者的含义如表6-1所示。

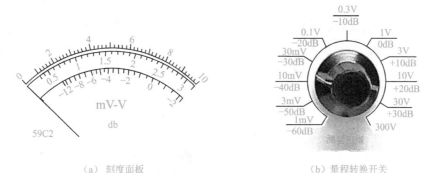

（a）刻度面板　　　　　　（b）量程转换开关

图6-3　DA—16型晶体管毫伏表的刻度面板及量程选择开关

表6-1　刻度面板与量程开关的含义

名　称	功能及含义	图　示
刻度面板	第一条刻度线和第二条刻度线为测量交流电压有效值的专用刻度	
	毫伏表表头刻度盘上的第三条刻度线用来表示测量电平的分贝值，它的读数与电压的读数方法不同，是以表针指示的分贝读数与量程开关所指的分贝数的代数和来表示读数的，即：量程数加上指针指示值，等于实际测量值	
量程转换开关	量程转换开关共分为11挡。量程开关所指示的电压挡为该量程最大的测量电压。当量程开关置于"1"开头的量程位置时（如1mV、10mV、0.1V、1V、10V），应该读取第一行刻度线，当量程开关置于"3"开头的量程位置时（如3mV、30mV、0.3V、3V、30V、300V）应读取第二行刻度线	

三、晶体管毫伏表的使用方法

1. 开机前的准备工作

（1）晶体管毫伏表的测量精度以表面垂直放置为准，因此使用时应将仪表垂直放置。

（2）机械零位调整：接通电源前，调整电表的机械零点（一般不需要经常调整）。方法是用螺丝刀调节表头上的机械零位螺钉，使表针指准零位。

（3）将通道输入端测试探头上的红、黑色鳄鱼夹短接。

（4）将量程开关旋转至最高量程（300V）。由于晶体管毫伏表输入端过载能力较弱，所以使用时要防止毫伏表过载。一般在未通电使用前或暂不测试时，将仪表输入端短路或将量程选择开关旋到 3V 以上挡级。

2. 测量方法

利用晶体管毫伏表测量正弦交流电的方法如表 6-2 所示。

表 6-2　利用晶体管毫伏表正弦交流电的测量方法

操 作 步 骤	操 作 方 法	图 示	注 意 事 项
①选择量程	旋转量程转换开关，按被测量大小选择合适的量程		若不知道被测量的大小，可从大量程开始逐步减小到指针有指示为止
②开机	接通 220V 电源，按下电源开关，电源指示灯亮，仪器立刻工作。为了保证仪器的稳定性，需预热 10s 后使用		开机后 10s 内指针无规则摆动属正常
③调零	接通交流 220V、50Hz 电源，测量前将输入端短路，待表针摆动稳定时，选择量程，旋转"调零"旋钮，使指针指零		若改变量程，需重新调零
④接入待测信号	将输入测试探头上的红、黑鳄鱼夹断开后与被测电路并联（红鳄鱼夹接被测电路的正端，黑鳄鱼夹接在接地端），观察表头指针在刻度盘上所指的位置。若指针在起始点位置基本没动，说明被测电路中的电压甚小，且毫伏表量程选择过高，此时用递减法由高量程向低量程变换，直到表头指针指到满刻度的 2/3 左右即可		使用仪表与被测线路必须"共地"，即接线时应把仪表的地线（黑色端）接被测线路公共地线，把信号端（红色端）接被测端。测量时，先接地线，后接信号线，测量结束后，先拆信号线，后拆地线
⑤准确读数	测电压时的读数法：根据所选量程，按毫伏表的对应刻度线读数，读数方面见下表 见下表： 测电平时的读数法：实际电平值（dB）=量程开关所指电平数+表针指示的电平数		

（⑤准确读数中内嵌表格）

所选量程	读数刻度线	表针指示值	实测电压值
10mV，10V	0～10	A	A
100mV，100V		A	10A
1V		A	1/10A
30mV，30V	0～30	A	A
300mV，300V		A	10A
3V		A	1/10A

四、晶体管毫伏表应用实例

1. 稳压电源纹波系数的测量

由于直流稳压电源的输出信号一般是由交流电源经整流、稳压等环节而形成的，因此不可避免地在输出的直流电压中带有一定的交流成分，这种叠加在直流稳定量上的交流分量，叫作纹波。电源纹波的测试极为重要。

在不同的环境中，对纹波的要求各不相同。例如，音频范围内的纹波信号，虽然其幅度不是太高，但其能量却使扬声器或听筒发生嗡嗡的杂音；而对于一些控制电路（如激光电源），纹波达到一定的高度会干扰数字或逻辑控制部件，使设备运行的可靠性降低，因此对这种纹波的幅度应有一定的限制。

一般使用交流毫伏表来测量纹波系数，因为交流毫伏表只对交流电压响应，并且灵敏度比较高，可测量很小的交流电压，而纹波往往是比较小的交流电压。

整流的目的是要得到平稳的直流电。要求输出的直流电中的交流成分越小越好，衡量整流电源的好坏，可用纹波系数来表示。

纹波系数＝交流分量／直流分量

纹波系数越小整流电源的性能越好。例如，12 英寸黑白电视机稳压电源输出直流分量为 12V，要求其交流分量小于 10mV（一般为 1～3mV）。测量方法如图 6-4 所示。

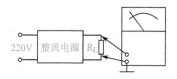

图 6-4 交流毫伏表测量纹波电压电路图

在稳压电源输出端接入一只 10Ω 25W 的假负载电阻 R_L。用晶体管毫伏表的两接线端接在假负载的两端，测量负载 R_L 两端的电压，测得电压即为交流分量。经测量，R_L 两端的电压为 1.2mV。则：

纹波系数=交流分量／直流分量=1.2mV/12V=0.01%

除交流毫伏表外，也可使用示波器来测量稳压电源的纹波电压。方法是：将示波器的输入设置为交流耦合，调整 Y 轴增益，使波形大小合适，读出电压值，即可估算出纹波电压的大小。

2. 低频放大器电压增益 K 的测量

在放大器的输入端加上一个交流信号 U_{SR}，在其输出端就可以得到一个经放大后的输出信号 U_{SC}。我们把输出信号电压 U_{SC} 与输入信号电压 U_{SR} 的比值，称为放大器的电压放大倍数 K，或称电压增益。

$$K=U_{SC}/U_{SR}$$

电压增益是反映放大器放大能力强弱的一个参数。测量方法如图 6-5 所示。

在放大器输入端接一低频信号发生器。放大器输出端接至示波器的 Y 轴输入端。适当调节信号发生器，输出一电压 U_{SR}，示波器就显示出经放大的输出电压。如果波形失真，

可减小 U_{SR} 幅度或调整放大器工作点，直至波形不失真时，用毫伏表分别测出放大器输入电压 U_{SR} 和输出电压 U_{SC}。

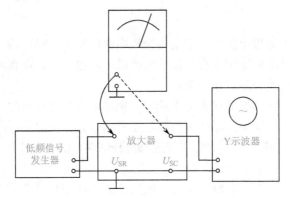

图 6-5　用毫伏表测量低频放大器电压增益

例如，用毫伏表分别测得放大器输入电压 U_{SR} 为 0.2mV，输出电压 U_{SC} 为 50mV。则有：

$$K=50/0.2=250（倍）$$

上述测量也可用毫伏表上的分贝来读数。如果输入电压增益为−72dB，输出电压增益为−24dB，则放大器电压增益 $K=-24dB-(-72dB)=48dB$。查分贝表，可知为 250 倍。

3．毫伏表在收音机调试时的应用

超外差式收音机的灵敏度和选择性与中频变压器的调试有很大的关系，而业余爱好者通常不具备调中频变压器的专用仪器即中频图示仪，往往借用于简易高频信号源，凭耳朵听音频调制声来调"中频变压器"。事实上，人耳对声音强弱的分辨能力较迟钝，如果在收音机扬声器两端跨接一只毫伏表，当各级中频变压器都调谐在 465kHz 时，收音机除声音最响外，毫伏表指示也将最大。耳听再加眼观，则效果更佳。调频率覆整及三点跟踪同样也可用毫伏表来监视，连接方法如图 6-6 所示。

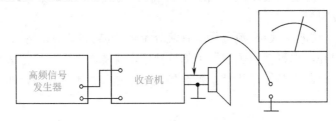

图 6-6　调试收音机的连接图

4．用毫伏表调整录音机磁头方位角

录音机磁头方位角要与走带方向垂直，如果方位角偏移，就会引起高音信号不良且声音发闷。对录音机磁头方位角进行调整时，使用毫伏表比较方便。

1）单声道录音机磁头方位角的调整

如图 6-7 所示，将录音机的输出端接到毫伏表上，重放标准信号测试磁带（测试磁带上有 3kHz 的标准信号）。一边微调磁头侧面带弹簧的固定螺钉，一边观察毫伏表的输出电平。通过调整，使录音机的输出幅度显示最大值即可。

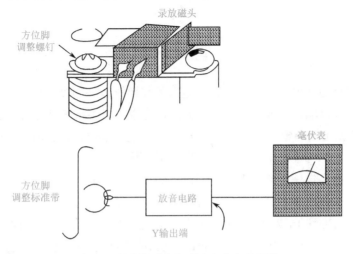

图 6-7　单声道录音机磁头方位角的调整

2）立体声录音机磁头方位角的调整

对立体声录音机磁头方位角的调整要考虑两个声道的平衡问题，测试方法如图 6-8 所示。

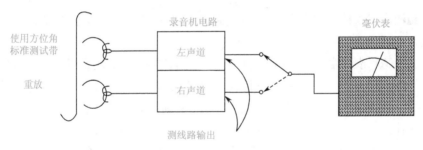

图 6-8　立体声录音机磁头方位角的调整

在使用标准信号测试带进行方位角的调整时要分别测量双声道的输出，两个声道的输出尽可能一致。同时还要考虑不低于最大输出 0.5dB，然后确定最佳的方位角，如图 6-9 所示。

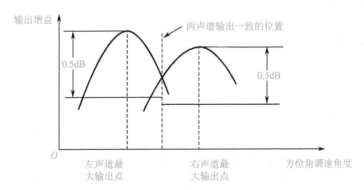

图 6-9　左右声道的输出波形比较

另外，还要考虑双声道的相位一致性，相位的一致性需要使用示波器的 *X-Y* 方式测量。

五、交流毫伏表使用中的注意事项

（1）仪器在通电之前，一定要将输入电缆的红黑鳄鱼夹相互短接。防止仪器在通电时因外界干扰信号通过输入电缆进入电路放大后，再进入表头将表针打弯。

（2）如果不知道被测电路中电压值的大小，必须首先将毫伏表的量程开关置最高量程，然后根据表针所指的范围，采用递减法合理选择量程。

（3）若要测量高电压，输入端黑色鳄鱼夹必须接在"地"端。

（4）测量前应短路调零。打开电源开关，将测试线（也称开路电缆）的红鳄鱼夹夹在一起，将量程旋钮旋到 1mV 量程，指针应指在零位（有的毫伏表可通过面板上的调零电位器进行调零，凡面板无调零电位器的，内部设置的调零电位器已调好）。若指针不指在零位，应检查测试线是否断路或接触不良，应更换测试线。

（5）交流毫伏表灵敏度较高，打开电源后，在较低量程时由于干扰信号（感应信号）的作用，指针会发生偏转，称为自起现象。所以在不测试信号时应将量程旋钮旋到较高量程，以防打弯指针。

（6）交流毫伏表接入被测电路时，其接地端（黑夹子）应始终接在电路的地上（成为公共接地），以防干扰。

（7）交流毫伏表表盘刻度分为 0—1 和 0—3 两种刻度，量程旋钮切换量程分为逢一量程（1mV，10mV，0.1V，…）和逢三量程（3mV，30mV，0.3V，…），凡逢一量程直接在 0—1 刻度线上读取数据，凡逢三量程直接在 0—3 刻度线上读取数据，单位为该量程的单位，无须换算。

（8）使用前应先检查量程旋钮与量程标记是否一致，若错位会产生读数错误。

（9）交流毫伏表只能用来测量正弦交流信号的有效值，若测量非正弦交流信号要经过换算。

（10）不可用万用表的交流电压挡代替交流毫伏表测量交流电压（万用表内阻较低，用于测量 50Hz 左右的工频电压）。

 实战演练与考核

实 训 报 告					
实 训 准 备					
班级		姓名（学号）		日期	得分
实训目的	①掌握毫伏表的操作步骤；②掌握使用毫伏表测量正弦电压的方法，并了解仪表产生误差的原因				
实训器材	DA—16 型毫伏表；函数信号发生器；万用表；5.1kΩ 电阻、1.5kΩ 电阻各两只；导线若干				

续表

实 训 报 告
实 训 步 骤

操作 1	①调节信号发生器，使其输出电压为 10V。 ②调整毫伏表，将毫伏表接入信号发生器的输出端。在给定的频率下分别测出信号发生器的输出电压值。每改变一次频率，同时用万用表复测一下，记录下来，填入测量记录（一），并比较结果和分析原因。

测量记录（一）

测量对象	f=50Hz	f=100Hz	f=1kHz	f=10kHz
毫伏表				
万用表				

测量对象	f=20kHz	f=200kHz	f=500kHz	f=1MHz
毫伏表				
万用表				

测量结果分析	

操作 2	DA—16 型晶体管毫伏表指示值为准确值，以其校验函数信号发生器显示电压值的误差，将结果记入测量记录（二）。 注意：函数信号发生器显示的电压是峰-峰值，交流毫伏表显示的电压是有效值，函数发生器显示的电压值除以 $2\sqrt{2}$，再与毫伏表显示的电压值进行比较。

测量记录（二）

晶体管毫伏表/V	0.05	0.2	0.15	0.3	1	5
函数信号发生器/（U_{p-p}）/V						
误差值/mV						

测量结果分析	

操作 3	按下图连接电路，调整信号源输出电压为 12V，测量 1 和 1′、2 和 2′间的电压，f=50kHz。

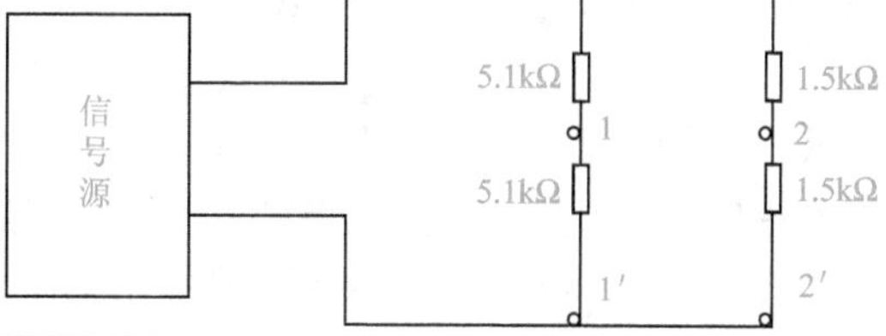

测量记录（三）

U_{11}'=_____；U_{22}'=_____。

实训小结 （体会与收获）	

项目评价

序 号	考核内容	评分要素	配 分	评分标准	得 分
1	晶体管毫伏表的使用方法	①毫伏表的调零方法 ②实验电路的连接 ③信号测量的方法及步骤	30	①未掌握毫伏表的调零方法，扣10分； ②实验电路的连接错误，扣10分； ③信号测量的方法错误，步骤欠合理，扣10分	
2	毫伏表的读数	读出并记录测量结果	20	数据读取不正确或记录错误扣10分	
3	数据分析能力	能够对测量数据进行误差分析，找出误差产生的原因	20		
4	处理故障和解决问题的能力	在实验过程中发现问题和解决问题的能力	30	能够及时发现和解决问题	

 检测技巧小提示

在完成前两项实训操作的过程中，你是否遇到了下面的情况呢？你是怎样解决的呢？

（1）毫伏表的量程开关置于低量程时，当输入线（红、黑鳄鱼夹）处于开路状态时，观察到毫伏表有读数，这种现象正常吗？是毫伏表坏了吗？

答　出现这种现象是正常的，不是毫伏表坏了。由于输入线的红、黑鳄鱼夹本身就是两个导体，空间有电磁场，电磁场切割这两个导体，便产生了感应电动势，由于毫伏表的输入灵敏度很高，毫伏表的指针就有反应了。

（2）测量过程中有时毫伏表会出现指针不停地摆动的现象，为什么？

答　一种情况是测量信号上叠加有较大的干扰信号，或测量信号自身的幅值在振荡；另一种情况是测量信号的频率太低（小于 20Hz）。一般通过示波器观察被测量信号，就会发现问题所在。

（3）在面包板上搭接的电子线路，最好不要直接通过鳄鱼夹进行测量，为什么？

答　面包板连接的电子线路，最好不要将毫伏表（包括示波器）红黑鳄鱼夹直接夹在元器件的引脚上进行测量。一方面会产生元器件的松动，造成元器件引脚与面包板内部弹片之间接触不良，另外，也可避免通过测试夹形成元器件之间短路等不安全因数。建议的方法是：在鳄鱼夹上再连接比较"短"的单股硬导线，形成"探针"，再将"探针"插入面包板的测试点中。

（4）晶体管毫伏表能用来测量直流电压吗？

答　不能。只能测量正弦交流电压的有效值。

（5）正弦信号出现了失真，此时还能用毫伏表进行测量吗？（毫伏表与示波器的配合问题）

答　一旦波形失真，用毫伏表测量的结果便毫无意义。在做模拟电路的实验时，若在测量单管放大器电压放大倍数，需用晶体管毫伏表定量测试正弦交流电压有效值时，不要忘记使用示波器监视被测电压的波形，一旦波形失真，则需要调整放大器的参数。在观察到波形不失真的情况下，方可使用毫伏表进行定量测试。也就是说，用到毫伏表，必用示波器。

项目核心内容小结

交流毫伏表是电工、电子实验中用来测量交流电压有效值的常用电子测量仪器，主要用于测量毫伏级以下的毫伏、微伏交流电压。毫伏表测量电压范围广、频率宽、输入阻抗高、灵敏度高，可以完成许多用普通万用表难以胜任的交流电电压测量。

项目七

晶体管特性图示仪的
使用与维护

项目说明

晶体管特性图示仪是一种用示波管显示半导体器件的各种特性曲线，并可测量其静态参数的测试仪器。它功能强，操作方便，对于从事半导体管机理的研究及半导体在无线电领域的应用，是必不可少的测试工具。

项目要求

（1）了解晶体管特性图示仪的基本原理。
（2）知道晶体管特性图示仪的基本组成和功能。
（3）懂得晶体管特性图示仪的使用方法和注意事项。
（4）能够熟练使用晶体管特性图示仪正确测量半导体器件的特性。

项目计划

时间：6课时。
地点：电子工艺实训室。

项目实施

（1）对照图示仪的使用说明，对晶体管特性图示仪的旋钮功能、使用方法进行探究，并将探究结果进行组间交流；教师就学生交流过程中发现的问题给予适时的指导、点评。
（2）了解半导体手册的用途，并学习查阅方法。
（3）结合实训任务进行实际操作，教师对学生的操作给予适时的指导、点评。
（4）在小组间交流晶体管特性图示仪的使用心得。

任务 1　认识晶体管特性图示仪

工作任务

（1）认识并了解晶体管特性图示仪的基本组成部分。

（2）根据测试要求查阅半导体手册。

（3）查阅 XJ4810 型晶体管特性图示仪的使用说明书，了解说明书上的技术指标。

相关知识

晶体管特性图示仪是利用电子扫描的原理，在示波管的荧光屏上直接显示半导体器件特性的仪器。它可以直接观测器件的静态特性曲线和参数；它还可以迅速比较两个同类晶体管的特性，以便挑选配对，更好地发挥晶体管的作用。此外，还可以用它来测试场效应晶体管及光电耦合器件的特性与参数等。在实验、教学和工程中，通过使用晶体管特性图示仪（以下简称"图示仪"）不但可以测量各种半导体特性曲线，而且还可以测试电子电路的特性。由于它能够直观、完整、细致地观测电路特性的全貌，因而给电路设计和分析带来很多方便。

图 7-1-1 所示为几种常见型号的晶体管图示仪。

（a）WQ4832 型　　　　　（b）QT2 型　　　　　（c）Tektronix 370B 型

图 7-1-1　几种常见型号的晶体管图示仪

晶体管特性图示仪上备有两个插座，可同时接入两只晶体管，通过开关的转换，能迅速比较两只晶体管的同类特性，便于筛选元器件。图 7-1-2（b）中显示的就是利用晶体管图示仪对两只三极管输出特性进行的比较。

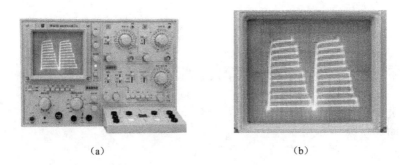

（a）   （b）

图 7-1-2   用晶体管图示仪进行三极管输出特性比较

一、晶体管特性图示仪的组成原理简介

1．晶体管特性图示仪的原理框图

如图 7-1-3 所示，晶体管特性图示仪主要由集电极扫描发生器、基极阶梯发生器、同步脉冲发生器、X 轴电压放大器、Y 轴电流放大器、示波管、电源和各种控制电路等组成。

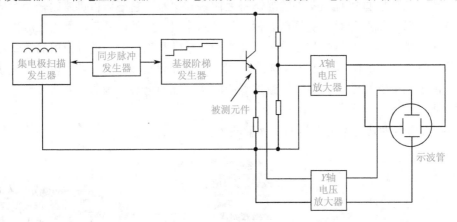

图 7-1-3   晶体管特性图示仪的原理框图

2．晶体管特性图示仪的各组成部分的主要作用

（1）集电极扫描发生器：主要作用是产生集电极扫描电压，其波形是正弦半波波形，幅值可以调节，用于形成水平扫描线。

（2）基极阶梯发生器：主要作用是产生基极阶梯电流信号，其阶梯的高度可以调节，用于形成多条曲线簇。

（3）同步脉冲发生器：主要作用是产生同步脉冲，使扫描发生器和阶梯发生器的信号严格保持同步。

（4）X 轴电压放大器和 Y 轴电流放大器：主要作用是把从被测元件上取出的电压信号（或电流信号）进行放大，达到能驱动显示屏发光之所需，然后送至示波管的相应偏转板上，进而在屏幕上形成扫描曲线。

（5）示波管：主要作用是在荧屏上显示被测试的晶体管的曲线图像。

（6）电源和各种控制电路：电源是提供整机的能源供给，各种控制电路的作用则是便于测试转换和调节。

二、认识 XJ4810 型晶体管特性图示仪

晶体管特性图示仪是一种能够直接在示波管上显示各种晶体管特性曲线的专用测试仪器。晶体管特性图示仪主要用来测量二极管的伏安特性曲线；三极管的输入特性、输出特性和电流放大特性；各种反向饱和电流、各种击穿电压；场效应管的漏极特性、转移特性、夹断电压和跨导等参数。通过屏幕上的标度尺刻度可直接读出晶体管的各项参数。下面就以 XJ4810 型晶体管特性图示仪（如图 7-1-4 所示）为例，介绍晶体管特性图示仪的使用方法。

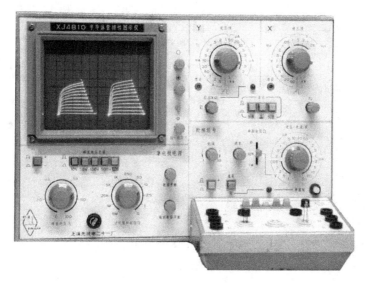

图 7-1-4　XJ4810 型晶体管特性图示仪

1. XJ4810 型晶体管特性图示仪的特点

与其他半导体管特性图示仪相比，XJ4810 型晶体管特性图示仪具有以下特点：

（1）采用全晶体管化电路、尺寸小、质量轻。

（2）增设集电极双向扫描电路及装置，能同时观察二极管的正、反向特性曲线、简化测试手续。

（3）配有双簇曲线显示电路，对于中小功率晶体管各种参数的配对，尤为方便。

（4）专为工作于小电流超 β 晶体管测试做了提高，最小阶梯电流可达 0.2μA/级。

（5）专为测试二极管的反向漏电流采取了适当措施，使测试的 I_R 达 20nA/DIV。

此外，XJ4810 型晶体管特性图示仪还有一些扩展装置，如 XJ27100 场效应管配对测试台、XJ27101 数字集成电路电压传输特性测试台等，可对国内外各种场效应对管和单管进行比较测试，并可测试 CMOS、TTL 数字集成电路的电压传输特性。

2. XJ4810 型晶体管特性图示仪的主要技术指标

XJ4810 型晶体管特性图示仪的主要技术指标如表 7-1-1～表 7-1-4 所示。

表 7-1-1　Y 轴偏转因数

分　类	调 节 范 围
集电极电流 IC	10μA/DIV～0.5A/DIV，分 15 挡
二极管反向漏电流 I_R	0.2μA/DIV～5μA/DIV，分 5 挡
基极电流或基极源电压	0.05V/DIV
外接输入	0.05V/DIV
偏转倍率	×0.1

表 7-1-2　X 轴偏转因数

分　类	调 节 范 围
集电极电压范围	0.05V/DIV～50V/DIV，分 10 挡
基极电压范围	0.05V/DIV～1V/DIV，分 5 挡
基极电流或基极源电压	0.05V/DIV
外接输入	0.05V/DIV

表 7-1-3　阶 梯 信 号

分　类	调 节 范 围
阶梯电流范围	0.2μA/级～50mA/级，分 17 挡
阶梯电压范围	0.05V 级～1V/级，分 5 挡
串联电阻	0、10kΩ、1MΩ，分 3 挡
每簇级数	1～10 连续可调
每秒级数	200（若使用市电电源频率为 60Hz 时，则每秒级数应为 240）
极性	正、负，分 2 挡

峰值电压与峰值电流容量：各量程电压连续可调，其最大输出不低于表 7-1-4 所示要求（AC 除外）。

表 7-1-4　集电极扫描信号

量程 ＼ 电源电压	198V	220V	242V
0～10V 挡	0～9V　5A	0～10V　5A	0～11V　5A
0～50V 挡	0～45V　1A	0～50V　1A	0～5V　1A
0～100V 挡	0～90V　0.5A	0～100V　0.5A	0～110V　0.5A
0～500V 挡	0～450V　0.1A	0～500V　0.1A	0～550V　0.1A

功耗限制电阻 0～0.5MΩ，分 11 挡。

3．XJ4810 型晶体管特性图示仪面板的单元划分

如图 7-1-5 所示，XJ4810 型晶体管特性图示仪的面板上安装了图示仪全部控制旋钮，

可分六个单元，即示波管及其控制电路单元、集电极电源单元、X/Y 轴作用控制单元、显示部分单元、阶梯信号单元和测试台。

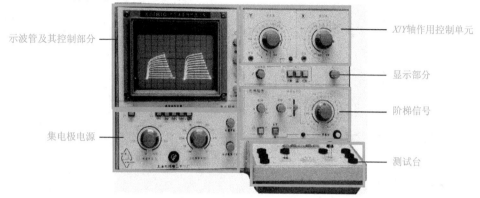

图 7-1-5　XJ4810 型晶体管特性图示仪面板结构

1）示波管及其控制电路单元

示波管控制部分有四个旋钮，如图 7-1-6 所示，自下而上依次为电源开关及辉度调节旋钮、电源指示灯、偏转放大器聚焦旋钮、辅助聚焦旋钮。

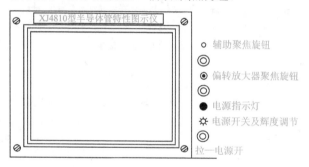

图 7-1-6　示波管及其控制电路

各旋钮的功能如表 7-1-5 所示。

表 7-1-5　示波管控制电路单元旋钮功能

旋钮名称	图标	功能和作用
电源开关及辉度调节	☼	旋钮拉出，接通仪器电源，旋转旋钮可改变示波管光点亮度
电源指示灯	●	接通电源时灯亮
偏转放大器聚焦旋钮	◎	调节该旋钮可使光点清晰
辅助聚焦旋钮	○	与聚焦旋钮配合使用，使光点清晰

2）集电极电源单元

如图 7-1-7 所示，集电极电源单元由"峰值电压范围"选择开关、"峰值电压%"旋钮、"集电极电源极性"按钮（也称为"+"、"−"极性转换开关）、"功耗限制电阻"旋钮、"电容平衡"及"辅助电容平衡"旋钮组成。

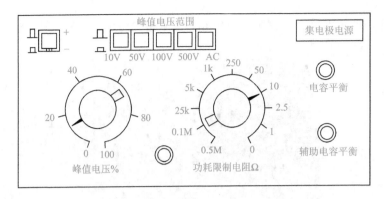

图 7-1-7 集电极电源

各个开关及旋钮的功能如表 7-1-6 所示。

表 7-1-6 集电极电源单元旋钮功能

旋 钮 名 称	图 标	功 能 和 作 用	注 意 事 项
峰值电压范围	峰值电压范围 10V 50V 100V 500V AC	用来选择集电极电源的最大值。 AC 挡能使集电极电源变为双向扫描，使屏幕同时显示出被测二极管的正、反方向特性曲线	当电压由低挡换向高挡时，观察半导体特性时，必须先将"峰值电压%"旋钮旋至 0，换挡后再按需要的电压逐渐增加，否则易击穿被测晶体管或烧毁熔断器
峰值电压%	40 60 20 80 0 100 峰值电压%	调节"峰值电压%"旋钮，使集电极电源在确定的峰值电压范围内连续变化	面板上的标称值作为近似值使用，精确读数应由 X 轴偏转灵敏度读取
集电极电源极性	+ − （极性图标）	可转换集电极电压的正负极性	按下此选择开关集电极电源极性为负，弹起时为正
"电容平衡"及"辅助电容平衡"	电容平衡 辅助电容平衡	为了尽量减小电容性电流，在测试之前，应调节"电容平衡"旋钮，使容性电流减至最小。辅助电容平衡是针对集电极变压器次级绕组对地电容的不对称，再次进行电容平衡调节而言的	当 Y 轴为较高电流灵敏度时，调节"电容平衡"、"辅助电容平衡"两旋钮使仪器内部容性电流最小，使荧光屏上的水平线基本重叠为一条。一般情况下无须调节
功耗限制电阻	1k 250 50 5k 10 25k 2.5 0.1M 1 0.5M 0 功耗限制电阻Ω	"功耗限制电阻"相当于晶体管放大器中的集电极电阻，它串联在被测晶体管的集电极与集电极扫描电压源之间，用来调节流过晶体管的电流，从而限制被测管的功耗	测量被测管的正向特性，应置于低电阻挡；测量其反向特性则置于高阻挡

3）Y 轴作用控制单元

如图 7-1-8 所示，Y 轴作用控制单元主要包括 Y 轴选择（电流／度）开关、垂直位移及电流／度倍率开关（Y 轴移位旋钮）、Y 轴增益电位器。各个旋钮的功能如表 7-1-7 所示。

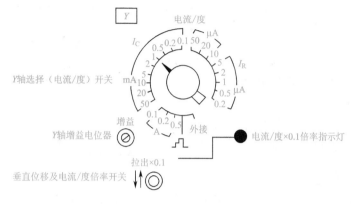

图 7-1-8　Y 轴作用控制单元

表 7-1-7　Y 轴作用控制单元旋钮功能

旋钮名称	图　标	功能和作用	注意事项
Y 轴选择（电流／度）开关		具有 22 挡 4 种偏转作用的开关。可以进行集电极电流、基极电压、基极电流和外接的不同偏转作用间的转换	当旋钮置于"⌐⌐"（该挡称为基极电流或基极源电压）位置时，可使屏幕 Y 轴代表基极电流或电压。当旋钮置于"外接"时，Y 轴系统处于外接收状态，外输入端位于仪器右侧面
垂直位移及电流／度倍率开关（Y 轴移位旋钮）	拉出×0.1	调节扫描线在垂直方向的位移。旋钮拉出时放大器的增益扩大 10 倍，电流/度各挡的 I_C 标称值×0.1，同时指示灯亮	开关在拉出状态下是配合"电流/度"开关使用的辅助作用开关。灯亮表示仪器进入电流/度×0.1 倍工作状态
Y 轴增益电位器	增益	用于校正 Y 轴增益	

4）X 轴作用控制单元

如图 7-1-9 所示，X 轴作用控制单元主要包括 X 轴选择（电压／度）开关、X 轴移位旋钮、X 轴增益电位器。各个旋钮的功能如表 7-1-8 所示。

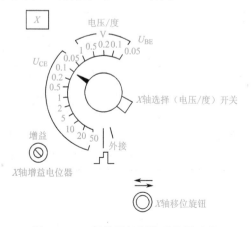

图 7-1-9　X 轴作用控制单元旋钮功能

表 7-1-8　*X* 轴作用控制单元按钮功能

旋钮名称	功能和作用	注意事项
X 轴选择（电压/度）开关	可以进行集电极电压、基极电流、基极电压和外接四种功能的转换，共 17 挡	当旋钮置于 "⌐」⌐" 位置时，可使屏幕 *X* 轴代表基极电流或电压量程旋钮；当旋钮置于 "外接" 时，*X* 轴系统处于外接收状态，输入灵敏度为 0.05V/div。外输入端位于仪器右侧面
X 轴移位旋钮	调节扫描线在水平方向的位移	
X 轴增益电位器	校正 *X* 轴增益	

5）显示开关单元

如图 7-1-10 所示，显示开关分为转换、接地、校准三挡，其作用如表 7-1-9 所示。

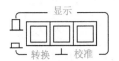

图 7-1-10　显示开关单元

表 7-1-9　显示开关单元按键功能

按键名称	功能和作用
转换	用来同时变换集电极电源和阶梯信号的极性，以简化 NPN 型管与 PNP 管转换测量时的操作
⊥	可使 *X*、*Y* 放大器的输入端同时接地，以便确定零基准点
校准	用来校准 *X* 轴和 *Y* 轴的放大器增益。开关按下时，在荧光屏有刻度的范围内，亮点应自左下角准确地跳至右上角，否则，应调节 *X* 轴或 *Y* 轴的增益电位器来校准，以便达到校正 10div 的目的

6）阶梯信号单元

如图 7-1-11 所示，阶梯信号单元由 "电压–电流/级" 旋钮（即 "阶梯信号选择" 旋钮）、"串联电阻" 开关、"级/簇" 旋钮、"调零" 旋钮、"+"、"–" 极性选择开关、"重复–关" 按键开关、"单簇按" 开关组成。各个旋钮的功能如表 7-1-10 所示。

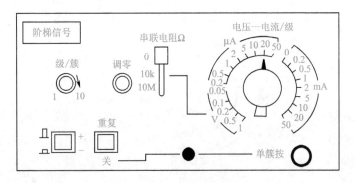

图 7-1-11　阶梯信号单元

表 7-1-10　阶梯信号单元旋钮功能

旋钮名称	功能和作用
电压-电流/级	可以调节每级阶梯的电流大小，流入被测管的基极，作为测试各种特性曲线的基极信号源，共22挡
串联电阻	用于改变阶梯信号与被测管输入端之间所串接的电阻大小，但只有当"电压-电流/级"旋钮置于电压挡时，本开关才起作用
级/簇	用于调节阶梯信号一个周期的级数，可在1~10级之间连续调节
调零	用于调节阶梯信号起始级电平，正常时该级为零电平
+/-	用于确定阶梯信号的极性
重复/关	当"重复/关"按键开关按下时，指示灯亮，阶梯信号进入待触发状态；当"重复/关"按键开关弹起时，阶梯信号重复出现，用作正常测试
单簇按	与"重复/关"按键开关配合使用。当阶梯信号处于调节好的待触发状态时，按下该开关，指示灯亮，阶梯信号出现一次，然后又回至待触发状态

7）测试台

晶体管特性图示仪中还包含有一个测试台，被测元件与图示仪的连接就是通过测试台实现的。其外观及面板结构如图 7-1-12 所示。

（a）　　　　　　　　　　　　（b）

图 7-1-12　测试台外观及面板结构

测试台面板上有多个测试选择按键、测试插孔和晶体管测试插座，具体功能如表 7-1-11 所示。

表 7-1-11　测试台功能

名　称	标　识	功能和作用
测试选择按键	测试选择 [□□□□□] 左 零电压 二簇 零电流 右	"左"选择开关按下时，接通左边的被测管。"右"选择开关按下时，接通右边的被测管。"二簇"选择开关按下时，图示仪自动交替接通左、右两只被测管，可同时观测到两管的特性曲线，以便对其进行比较。 "零电压"、"零电流"开关按下时，分别将被测管的基极接地、基极开路，后者用于测量 I_{CEO}

续表

名　称	标　识	功能和作用
左右测试插孔	◎C ◎B ◎E	左、右各一组，插上专用插座，可测试 F1、F2 型管座的大功率晶体管
晶体管测试插座	C B ∷ G E	四芯插座，左、右各一个，供测量小功率晶体管使用
公用插座	C C B B E E	六芯插座，测试集成双管使用
二极管反向漏电流专用插孔	I_R ◎C ◎	测试二极管反向漏电流

8）晶体管特性图示仪右侧板

在晶体管特性图示仪右侧板上，还分布有如图 7-1-13 所示的旋钮和端子。

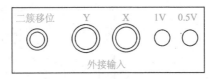

图 7-1-13　晶体管特性图示仪右侧板

二簇移位旋钮：在二簇显示时，可改变右簇曲线的位置，更便于对配对晶体管各种参数的比较。

Y 轴信号输入：Y 轴选择开关置外接时，Y 轴信号由此插座输入。

X 轴信号输入：X 轴选择开关置外接时，X 轴信号由此插座输入。

校准信号输出端：1V、0.5V 校准信号由这两个端子输出。

实战演练与考核

（1）晶体管特性图示仪的主要用途是什么？

（2）在图 7-1-14 所示的 XJ4810 型晶体管特性图示仪的面板示意图上，标出示波管控制、集电极电源、Y 轴作用控制、X 轴作用控制、阶梯信号、显示开关各单元的位置，并简要说出上述几个单元的主要旋钮或按键的作用。

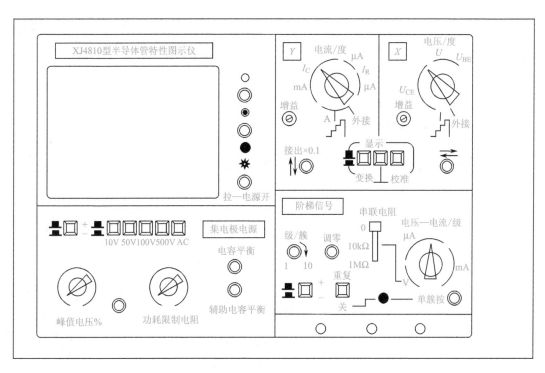

图 7-1-14 XJ4810 型晶体管特性图示仪面板示意图

（3）XJ4810 型晶体管特性图示仪在测试时，不同的电压范围对应不同的最大电流。请查阅 XJ4810 型晶体管特性图示仪的使用说明书，并根据说明书上的技术指标，试着填写表 7-1-12。

表 7-1-12 电压范围与允许最大电流的对应关系

电压范围/V	0～10	0～50	0～100	0～500
允许最大电流/A				

（4）XJ4810 型晶体管图示仪"集电极扫描信号"中，功耗限制电阻的作用是什么？（　）

A．限制集电极功耗

B．限制被测半导体管的最大输出电流，保护被测半导体管

C．把集电极电压变化转换为电流变化

D．限制集电极功耗，保护被测晶体管

任务评价

学生姓名		日　期		自　评	互　评	师　评
1．你能正确说出图示仪的面板结构吗？						
2．你了解各个单元的旋钮或按键的功能吗？						
3．你知道图示仪右侧面板上的接口的作用吗？						

学生姓名		日　期		自　评	互　评	师　评
学习体会 1. 活动中对哪个部分最有兴趣？为什么？ 2. 你认为活动中哪个技能最有用？为什么？ 3. 你还有哪些地方存在疑问？ 4. 你还有哪些要求与设想？						
实训小结						

任务 2　晶体管特性图示仪的基本操作

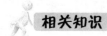

工作任务

（1）对晶体管特性图示仪进行使用前的调整。

（2）进一步熟悉晶体管特性图示仪各个旋钮、按键的功能及调整方法。

（3）完成晶体管特性图示仪的开、关机以及基础调节。

相关知识

一、晶体管特性图示仪的开机与测试前的调节

晶体管特性图示仪在使用前，为了减小测试误差，必须对仪器进行必要的检查和校正。具体的调节内容与方法如表 7-2-1 所示。

表 7-2-1　开机前的调试

序号	步　骤	调 节 方 法	观察到的现象
1	开启电源	将电源开关向前方拉动，接通仪器电源，当预热 15min 后，开始正常测试	红色指示灯发光，旋转旋钮可以改变示波管光点亮度

续表

<table>
<tr><th>序号</th><th>步　骤</th><th>调节方法</th><th>观察到的现象</th></tr>
<tr><td>2</td><td>调节聚焦</td><td>配合调节辉度、聚焦、辅助聚焦及标尺亮度，将示波管上的光迹会聚成一清晰的小光点</td><td>标尺亮度以能清晰满足测量要求为原则</td></tr>
<tr><td>3</td><td>检查放大器的对称性</td><td>检查方法为：X轴作用开关和Y轴作用开关均置于基极电压0.01V/div位置，并将基极阶梯信号的阶梯选择开关也相应地置于0.01V/div，“阶梯作用”置于重复挡，级/簇大于10</td><td>如果示波器的X轴放大器与Y轴放大器有相同的增益，则当它们加相同的阶梯电压时，屏幕上应显示出一列沿对角线排列的亮点</td></tr>
<tr><td>4</td><td>放大器调零</td><td>Y轴放大器调零是在检查上述放大器对称的基础上，将Y轴放大器校正开关扳向零点位置（即把Y轴放大器输入端短路）。X轴放大器与Y轴放大器调零相似，所不同的是当X轴放大器校正开关扳向零点时，亮点沿垂直方向排成一列</td><td>屏幕上的亮点应沿水平方向排成一行，而且要求Y轴作用开关置于不同的基极电压挡时，都满足上述要求，否则应调直流平衡电位器，直到Y轴作用在基极电压0.1～0.5V/级，其亮点都不产生向下移动为止</td></tr>
<tr><td>5</td><td>检查放大器增益</td><td>在放大器调零的基础上，调节位移旋钮，使水平排列的亮点对准标尺格子的上边线，然后将放大器校正开关扳向-10div挡，这时亮点应立即向下偏10格。要求对Y轴作用开关在基极电压的6个挡位都应逐挡位进行上述校正。X轴放大器增益检查的方法和Y轴放大器检查的方法类似</td><td></td></tr>
<tr><td>6</td><td>检查阶梯信号</td><td>①有关旋钮置于如下位置，屏幕显示如右图所示的图形。
<table>
<tr><td>峰值电压范围</td><td>0～20V</td></tr>
<tr><td>峰值电压</td><td>10V</td></tr>
<tr><td>极性</td><td>负（-）</td></tr>
<tr><td>级/簇</td><td>9</td></tr>
<tr><td>X轴　集电极电压</td><td>1V/div</td></tr>
<tr><td>Y轴　基极电压</td><td>0.01V/div</td></tr>
<tr><td>阶梯作用</td><td>重复</td></tr>
<tr><td>极性</td><td>负（-）</td></tr>
<tr><td>阶梯选择</td><td>0～20V</td></tr>
</table>
②调节Y轴位移旋钮，使图形的零线（上边线）与标尺格子上边线重合，阶梯信号的各级扫描线与标尺刻度相重合。图形两边的转角线成直角。调节级/簇旋钮，阶梯信号的级数应在4～12级之间连续变化</td><td>在定量测量时，阶梯信号的幅度应该和屏幕上标尺间隔相对齐，相位要和标尺垂直坐标对齐。
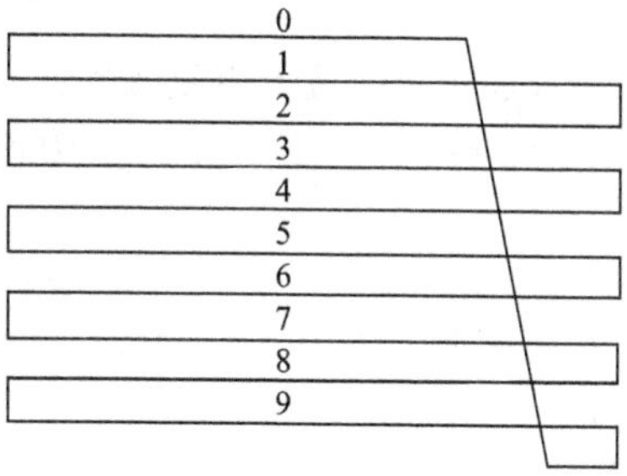
</td></tr>
<tr><td>7</td><td>阶梯信号</td><td>在上述检查阶梯波的基础上，将零电流、零电压键扳向零电压挡，这时零线停留的位置就是阶梯信号真正的零电位。然后让旋钮转回到中间位置，调节阶梯调零电位器，使阶梯波形的零线与上述“零电压”时的位置重合</td><td></td></tr>
</table>

二、测试晶体管特性前各开关、旋钮位置选取

1. 由管型确定的旋钮位置

1）集电极扫描信号

"极性"开关：用来改变扫描电源对地的极性。在测试前要根据被测管类型和接地方式选择正/负极性，参见表 7-2-2 中扫描电压和阶梯波的极性选择表。

2）基极阶梯信号

"极性"开关：根据被测管的不同类型，可以改变阶梯信号的正负极性。其极性转换如表 7-2-2 所示。

表 7-2-2　扫描电压和阶梯波的极性选择表

管　型		组　态	扫描电压	阶梯波
NPN		共发射极	+	+
		共基极	+	-
PNP		共发射极	-	+
		共基极	+	-
JFET	N 沟道	共源	+	+
	P 沟道		-	+

2. 与管型无关的扳键、旋钮

阶梯作用，置于重复位置；级/秒为 200 级/s；级/簇为 10 级；零电压、零电流置于中间位置；峰值电压范围为 0～10V。

3. 与被测管子参数有关的旋钮

有 X 轴的电压/度开关、Y 轴的电流/度开关、基极阶梯信号的毫安/级开关和功耗电阻开关。

4. 测试特性参数时选择量程的原则

根据实际工作使用条件进行测试，主要用于测试在实际使用时的参数，如共发射极电流放大系数 β、输入电阻 r_{be}。

5. 测试台

将测试选择位于中间位置，接地开关置于需要的位置，然后插上被测晶体管，再将测试选择拨到测试的一方，此时即有曲线显示。再经过 Y 轴、X 轴、阶梯三部分的适当修正，即可进行有关的测试。

三、晶体管特性图示仪的使用注意事项

为保证仪器的合理使用，既不损坏被测晶体管，也不损坏仪器内部线路，在使用仪器

前应注意下列事项。

1．仪器的安全使用

（1）不要在放有易燃易爆品的地方使用仪器。

（2）仪器特别是连接测试件的测试导线应远离强电磁场，以免对测量产生干扰。

（3）打开电源前确保接好了保护地线以防电击，且应避免将交流电的零线用作保护地线。

（4）不要不接保护地线，否则将造成潜在的电击伤害。

（5）无保护地线和熔断器时请勿使用仪器。

（6）仪器测试完毕、排除故障而打开仪器、更换熔断器前均需切断电源和负载。

（7）未经许可严禁取下仪器外壳和拆卸仪器的任何部件。

（8）打开电源预热 15min 后仪器才可进入正常工作状态。

2．测试中还应注意的事项

（1）对被测管的主要直流参数应有一个大概的了解和估计，特别要了解被测管的集电极最大允许耗散功率 P_{CM}、最大允许电流 I_{CM} 和击穿电压 $U_{(BR)EBO}$、$U_{(BR)CBO}$。

（2）选择好扫描和阶梯信号的极性，以适应不同管型和测试项目的需要。

（3）根据所测参数或被测管允许的集电极电压，选择合适的扫描电压范围。一般情况下，应先将峰值电压调至零，更改扫描电压范围时，也应先将峰值电压调至零。选择一定的功耗电阻，测试反向特性时，功耗电阻要选大一些，同时将 X、Y 偏转开关置于合适挡位。测试时扫描电压应从零逐步调节到需要值。

（4）对被测管进行必要的估算，以选择合适的阶梯电流或阶梯电压，一般宜先小一点，再根据需要逐步加大。测试时不应超过被测管的集电极最大允许功耗。

（5）在进行 I_{CM} 的测试时，一般采用单簇为宜，以免损坏被测管。

（6）在进行 I_C 或 I_{CM} 的测试中，应根据集电极电压的实际情况选择，不应超过本仪器规定的最大电流，如表 7-2-3 所示。

表 7-2-3　电压范围与允许最大电流的对应关系

电压范围/V	0～10	0～50	0～100	0～500
允许最大电流/A	5	1	0.5	0.1

（7）进行高压测试时，应特别注意安全，电压应从零逐步调节到需要值。观察完毕，应及时将峰值电压调到零。

3．测试完应该特别注意的问题

应将"峰值电压范围"置于 0～10V 挡，"峰值电压调节"调至 0 位，"阶梯信号选择"开关置于"关"位置，"功耗电阻"置于最大位置。

实战演练与考核

晶体管特性图示仪的使用（基础练习）			
实训仪器	XJ4810 型晶体管特性图示仪一台	实训目的	①进一步熟悉晶体管特性图示仪的各个功能旋钮；②初步了解晶体管特性图示仪的调试和使用方法
实训内容			
操作步骤	将各步骤的操作要点填入下表	配分	得分
1. 开机及辉度调节		15	
2. X 轴、Y 轴增益校正		25	
3. 阶梯信号校正		25	
4. 阶梯调零		25	
5. 使用完毕后的复位操作		10	

 任务评价

学 生 姓 名		日　期		自　评	互　评	师　评
1. 你能正确说出图示仪开机步骤吗？						
2. 你了解各项基础调节的目的吗？						
3. 你在操作过程中有没有遇到什么特殊情况？你解决的情况怎样？						
学习体会 1. 活动中对哪个部分最有兴趣？为什么？ 2. 你在操作过程中遇到了什么特殊情况？你是如何解决的？ 3. 你还有哪些地方存在疑问？						
实训小结						

任务 3　用晶体管特性图示仪测量半导体器件的特性

工作任务

（1）测量晶体三极管的放大系数。
（2）测量晶体三极管的输出特性曲线。
（3）测量晶体三极管的反向击穿电压。
（4）晶体管二簇特性曲线比较的测试。
（5）测量稳压二极管。
（6）测量整流二极管的反向电流。

相关知识

半导体器件在电子技术方面具有广泛的应用。在制造晶体管和集成电路以及使用晶体管的过程中，都要检测其性能。利用晶体管特性图示仪可以直接显示晶体管的输入、输出特性曲线及传输特性，进而可测量各种直流参数，因此得到了普遍采用。

在对半导体器件进行各项测试之前，首先要对晶体管特性图示仪进行基础调节。基础调节的主要步骤如下：

（1）按下电源开关，指示灯亮，预热 15min，即可进行调试。
（2）调节辉度、聚焦及辅助聚焦，使光点清晰。
（3）将峰值电压旋钮调至零，峰值电压范围、极性、功耗电阻等开关置于测试所需位置。
（4）对 X、Y 轴放大器进行 10° 校准。
（5）调节阶梯调零。

基础调节完成之后，即可根据具体的测试项目进行其他相关调节。

一、晶体三极管 h_{FE} 和 β 的测量

1. 测试条件

以 NPN 型 3DG6 高频小功率晶体管为例，查阅半导体手册可知，3DG6 高频小功率 NPN 型晶体管 h_{FE} 的测试条件为 $U_{CE}=10V$，$I_C=3mA$（见表 7-3-1）。

表 7-3-1　NPN 型 3DG6 高频小功率晶体管参数及测试条件

参　数	参数符号	单　位	3DG6				测试条件
			A	B	C	D	
极限参数	P_{CM}	mW	100				$T_{amb}=25℃$
	I_{CM}	mA	20				
	T_{JM}	℃	175				
直流参数	$U_{(BR)CBO}$	V	≥30	≥45	≥45	≥45	$I_C=100\mu A$
	$U_{(BR)CEO}$	V	≥20	≥30	≥30	≥40	$I_C=100\mu A$
	$U_{(BR)EBO}$	V	≥4				$I_E=100\mu A$
	$U_{CE(sat)}$	V	≤0.35				$I_C=10mA$
	$U_{BE(sat)}$	V	≤1.1				$I_B=1mA$
	I_{CBO}	mA	≤10				$U_{CB}=10V$
	I_{CEO}	mA	≤10				$U_{CE}=10V$
	I_{EBO}	mA	≤10				$U_{EB}=2V$
	h_{FE}		30				$U_{CE}=10V$ $I_C=3mA$
交流参数	f_T	MHz	≥100	≥150	≥250	≥150	$U_{CE}=10V$ $I_C=3mA$ $f=30MHz$
	F_n	dB					
	G_P	dB	≥7				$U_{CB}=10V$ $I_E=3mA$
	C_{ob}	pF	≤5				$U_{CB}=10V$ $f=1MHz$
备注							

2. 测试步骤

（1）打开晶体管特性图示仪电源，并对其进行基本调节，并将光点移到荧光屏的左下角作为坐标零点。

（2）测试选择按钮全部凸出，位于"关"，将被测晶体管插入测试台左边插座，如图 7-3-1（a）所示，管子连接图如图 7-3-1（b）所示，此时晶体管尚未加电。晶体管的管脚插入位置要确保准确无误。

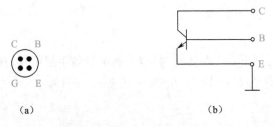

（a）　　　　　　　　　　（b）

图 7-3-1　晶体管测试插座及连接

（3）将仪器的有关旋钮、开关调节至适当位置，位置设置如表 7-3-2 所示。测试晶体管时，应根据被测三极管管型（是 PNP 型还是 NPN 型）将仪器上的相关旋钮和开关置于相应的极性，切不要乱扳极性开关，以免损坏管子及仪器。

表 7-3-2　测试 3DG6 晶体管的 h_{FE}、β 时图示仪旋钮及开关位置

旋钮及开关	置位	旋钮及开关	置　位
峰值电压范围	0～10V	Y 轴集电极电流	1mA/度
极性	+	阶梯信号	重复
功耗电阻	250Ω	阶梯极性	+
X 轴集电极电压	1V/度	阶梯选择	10μA/度

（4）当上述按钮及开关调整完毕后，再将测试选择"左"按下，进行加电测量。功耗限制电阻可以保护被测管不至于电流过载，还可防止由于被测管击穿后所导致仪器损坏。因而一般测试都应将功耗限制电阻加上，可放到 1kΩ 左右，若显示电流太小，则再减小。特别在测量晶体管击穿电压时更需要注意，可以将功耗限制电阻取得更大一些。

（5）逐渐加大峰值电压直到在荧光屏上看到一簇特性曲线，如图 7-3-2 所示。

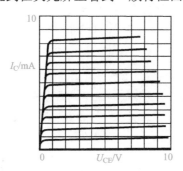

图 7-3-2　晶体管输出特性曲线

（6）由输出特性曲线可以读出 X 轴集电极电压 U_{CE}=5V 时最上面的一条曲线的（每条曲线为 10μA，最下面一条 I_B=0 不计在内）I_B 值和 I_C 值，可得

$$h_{FE} = \frac{I_C}{I_B} = \frac{8.5\text{mA}}{0.1\text{mA}} = 85$$

（7）若把 X 轴作用选择旋钮放在基极电流位置，就可得到图 7-3-3 所示的电流放大特性曲线。

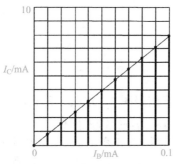

图 7-3-3　电流放大特性曲线

则

$$\beta = \frac{\Delta I_\text{C}}{\Delta I_\text{B}} = \frac{8}{0.1} = 80$$

（8）测试完毕后，应先将扫描电压调节旋钮逆时针转到底，然后再关机。

PNP 型晶体管的 h_FE 和 β 的测量方法同上，只须改变扫描电压极性、阶梯信号极性，并把光点移至荧光屏右上角即可。

二、晶体管击穿电压的测试

以 NPN 型 3DG6 晶体管为例，查手册得知 3DG6 晶体管 $U_{(BR)CBO}$、$U_{(BR)CEO}$、$U_{(BR)EBO}$ 的测试条件分别为 I_C=100μA、I_C=100μA、I_E=100μA（见表 7-3-1）。测试时，仪器旋钮及开关的置位如表 7-3-3 所示。

表 7-3-3　测试 3DG6 晶体管的仪器旋钮及开关的置位

旋钮及开关　　置位　　项目	$U_{(BR)CB0}$	$U_{(BR)CE0}$
峰值电压范围	0～500V	0～100V
极性	+	+
X 轴集电极电压	20V/度	10V/度
Y 轴集电极电流	20μA/度	20μA/度
级/簇	置于 1	置于 1
阶梯选择	0.1mA	0.1mA
功耗限制电阻	1～5kΩ	1～5kΩ

测试晶体管的反向击穿特性时，接线方法如图 7-3-4 所示。

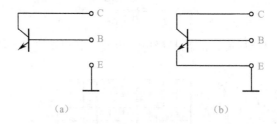

（a）　　　　　　　　　　　　　（b）

图 7-3-4　测试晶体管的反向击穿特性接线图

逐步调高峰值电压，被测管按照图 7-3-4（a）的接法，Y 轴 I_C=100μA 时，X 轴的偏移量即为 $U_{(BR)CBO}$ 值；被测管按照图 7-3-4（b）的接法，Y 轴 I_C=200μA 时，X 轴的偏移量即为 $U_{(BR)CEO}$ 值。经测试，得到如图 7-3-5 所示 NPN 型晶体管的反向击穿电压曲线。由图中曲线可以得知，当 I_C=100μA 时，$U_{(BR)CBO}$=300V；当 I_C=200μA 时，$U_{(BR)CEO}$=70V。

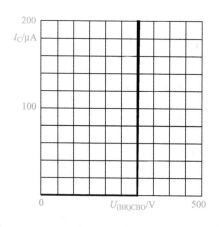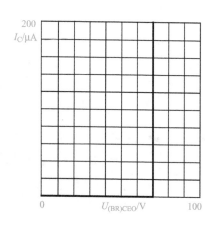

图 7-3-5 NPN 型晶体管的反向击穿电压曲线图

PNP 型晶体管的测试方法与 NPN 型晶体管的测试方法相似。

三、晶体管输入特性的测试

以 NPN 型 3DG6 晶体管为例，查手册得知 3DG6 晶体管 $U_{CE(sat)}$、$U_{BE(sat)}$ 的测试条件分别为 I_C=10mA、I_B=1mA（见表 7-3-1）。测试时，仪器旋钮及开关的置位如表 7-3-4 所示。

表 7-3-4 测试 3DG6 晶体管输入特性仪器旋钮及开关的置位

旋钮及开关	置位	旋钮及开关	置位
峰值电压范围	0～10V	Y 轴（电流/度）旋钮	集电极电流/基极源电流
峰值电压	6V	阶梯信号	重复
极性	+	阶梯极性	+
功耗电阻	500Ω	阶梯选择	20μA/级
X 轴集电极电压	0.05V/度		

测试晶体管的输入特性曲线时，接线方法如图 7-3-6 所示。

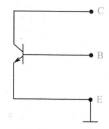

图 7-3-6 测试晶体管的输入特性曲线晶体管接法

被测管按照图 7-3-6 的接法，即可得到图 7-3-7 中的晶体管的输入特性曲线。

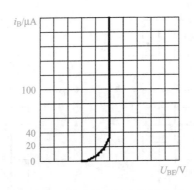

图 7-3-7　晶体管的输入特性曲线

四、二簇特性曲线比较的测试

以 NPN 型 3DG6 晶体管为例，查手册得知 3DG6 晶体管输出特性的测试条件为 I_C=10mA、U_{CE}=10V。测试时，仪器相关旋钮及按键的置位如表 7-3-5 所示。

表 7-3-5　二簇特性曲线比较测试仪器相关旋钮及按键的置位

旋钮及开关	置　位	旋钮及开关	置　位
峰值电压范围	0～10V	Y 轴集电极电流	1mA/度
极性	＋	重复－开关	重复
功耗限制电阻	250Ω	阶梯信号选择开关	10μA/级
X 轴集电极电压	1V/度	极性	＋

将被测的两只晶体管分别插入测试台左、右插座内，然后按表 7-3-5 置位各旋钮及按键，参数调至理想位置。按下测试选择按钮的"二簇"键，逐步增大峰值电压，即可在荧光屏上显示二簇特性曲线，如图 7-3-8 所示。

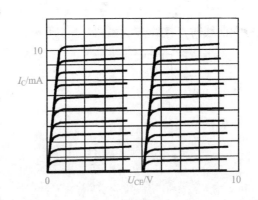

图 7-3-8　3DG6 二簇特性曲线

当测试配对管要求很高时，可调节"二簇位移"旋钮，使右簇曲线左移，视其曲线重合程度，可判定其输出特性的一致程度。

五、稳压二极管的测试

以 2CW19 稳压二极管为例，查手册得知 2CW19 稳定电压的测试条件 I_R=3mA。测试时，将被测的稳压二极管插入测试台左侧"E"和"C"的插孔中，仪器旋钮及开关置位如表 7-3-6 所示。

表 7-3-6　稳压二极管的测试旋钮置位

旋钮及开关	置　位	旋钮及开关	置　位
峰值电压范围	0～10V	X 轴集电极电压	5V/度
峰值电压	适当	Y 轴集电极电流	1mA/度
功耗限制电阻	5kΩ	重复—开关	关

逐渐加大"峰值电压"，即可在荧光屏上看到被测管的特性曲线，如图 7-3-9 所示。由被测管的特性曲线可知，其正向压降约为 0.7V，稳定电压约为 12.5V。

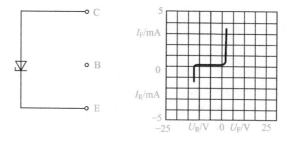

图 7-3-9　稳压二极管特性曲线

六、整流二极管反向电流测试

以 2DP5C 整流二极管为例，查手册得知 2DP5C 的反向电流应小于或等于 500nA。测试时，仪器各旋钮及开关的置位如表 7-3-7 所示。

表 7-3-7　整流二极管反向电流测试仪器各旋钮及开关的置位

旋钮及开关	置　位	旋钮及开关	置　位
峰值电压范围	0～10V	Y 轴反向漏电流（I_R）	0.2μA/度
峰值电压	适当	倍率	拉出×0.1
功耗限制电阻	1kΩ	重复—开关	关
X 轴集电极电压	1V/度		

　　逐渐增大"峰值电压"，在荧光屏上即可显示被测管反向漏电流特性，如图 7-3-10 所示。

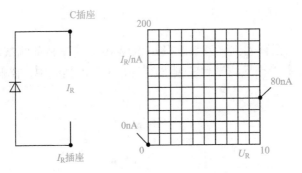

图 7-3-10　二极管反向特性测量

　　由反向特性曲线图读数可知：I_R=4div×0.2μA×0.1(倍率)=80nA。测量结果表明，被测管性能符合要求。

 实战演练与考核

晶体管特性图示仪的基本测量

实　训　准　备	
实训目的	①进一步了解晶体管特性图示仪的使用。 ②熟悉晶体二极管、三极管的主要参数。 ③掌握用晶体管特性图示仪测试元器件的方法。 ④掌握各曲线的描绘和数据的记录
实训器材	XJ4810 型晶体管特性图示仪 1 台；整流二极管 1N4148、普通二极管 2AP9 各 1 只；3DG6(或 9016)、3CG21(或 9014) 各 1 只；薄白纸 2 张
实　训　过　程	

操作步骤	二极管的测试	①按基本操作要求开机后，除了测试"反向击穿电压"时，"峰值电压范围"选择 0～100V 外，其他测试项目"峰值电压范围"必须放在 0～10V。 ②测量晶体管二极管的正向特性曲线，注意观察，最大电流不要大于 30mA。 测试条件："功耗电阻"1kΩ，"测试电流"10mA。 ③测量反向击穿特性，注意击穿电流不要大于 1mA。 测试条件："功耗电阻"5kΩ，"击穿电流"0.5mA
		用薄白纸铺在图示仪荧光屏表面，将特性曲线描下来，并记录各测试旋钮位置。
	三极管的测试	④测量晶体三极管的输入、输出特性曲线，描绘曲线，并记录各测试旋钮位置。
	填写实训报告	见下表

实训报告（一）

班级		姓名（学号）		日期		得分	

晶体管特性图示仪的型号

二极管型号	正向导通电压（I=5mA）	反向击穿电压（U_B）（I=0.1mA）
1N4148		
2AP9		

旋钮及开关置位记录：

描绘的曲线图：

实训报告（二）

三极管型号	输出特性			击穿电压	死区电压
	I_C	I_B		$U_{(BR)CE0}$	U_O

旋钮及开关置位记录：

描绘的曲线图：

任务评价

学生姓名		日期		自评	互评	师评
1. 二极管的测试						
2. 三极管的测试						

学生姓名		日期		自评	互评	师评
学习体会						
1. 你在测试过程中，遇到哪些问题？你是如何解决的？						
2. 你还希望通过晶体管特性图示仪了解哪些元器件的性能？						
3. 通过实践，你认为在测试元器件性能方面，晶体管特性图示仪的最大优势是什么？						
4. 关于测试元器件性能，你还有哪些设想？						
实训小结						

 维修技巧一点通

　　晶体管特性图示仪由于受使用环境、开机时间、搬移等因素的影响，容易出现准确度下降、光迹漂移等问题。下面介绍的是晶体管特性图示仪在使用中常见的几个故障的维修方法，供参考。

　　【故障一】　X 轴偏转因数负超差。

　　故障现象　使用图示仪校准仪对图示仪校准时发现 X 轴偏转因数所有挡位严重负超差，通过调整 X 轴对应的增益电位器 1W1（同轴电位器），其超差量有所减少，但仍然存在负超差。而此时 Y 轴偏转因数全部校准合格（误差不超过±3%）。

　　解决办法　X、Y 轴放大器的电路结构基本相同，此时 Y 轴放大器工作正常，说明机内供电电源、校准电压工作正常，可以基本确定故障点在 X 轴放大器部分，如图 7-3-11 所示。

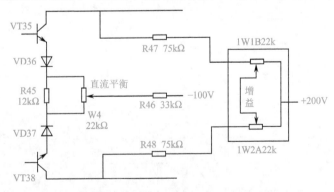

图 7-3-11　X 轴放大器局部图

　　此时的 X 轴放大器处在一种放大量不足的工作状态。据此情况，分析判断放大器不存在硬伤（元器件损坏），而应是由软伤（元器件值变）引起的。例如，X 轴增益电位器 1W1、R47、R48、R45 电阻数值变化，差分放大管 VT35、VT38 的 β 值下降均可引起上述故障。随后，逐一对上述元器件进行检查，发现 1W1、R47、R48 的阻值，及差分放大管 VT35、VT38 的 β 值均正常，唯 R45 阻值变大，此电阻为差分放大负反馈电阻，其阻值变大导致放大器的放大量下降，造成了 X 轴偏转因数负超差。

解决方法一　若 R45 标称值为 12kΩ，更换一新精密电阻，用图示仪校准仪对图示仪重新校准，调节增益电位器 1W1，使 X 轴偏转因数所有挡位误差不超过±3%。

解决方法二　用 1 只 10kΩ 电阻和 1 只 4.7kΩ 电位器串联替代电阻 R45（阻值 12kΩ）接入电路中（注意固定好），此时调节增益电位器 1W1 旋钮置中间位置，用图示仪校准仪对图示仪重新校准，调节新接入的 4.7kΩ 电位器，使 X 轴偏转因数所有挡位误差不超过±3%。

以上两种方式相比，方法二较好，此后再出现调节增益电位器 1W1 仍解决不了的 X 轴偏转因数超差问题时，通过调节新接入的 4.7kΩ 电位器即可解决问题。此故障现象可称为典型故障，其易现性、借鉴性非常强。例如出现：

① X 轴偏转因数正超差；

② Y 轴偏转因数负超差；

③ Y 轴偏转因数正超差。

以上三种故障现象若独立出现（即 X、Y 轴偏转因数不同时出现超差现象），或 X、Y 轴偏转因数同时出现反向超差（一正一负）时，均可参照解决 X 轴偏转因数负超差的方法予以解决。

【故障二】　X、Y 轴偏转因数同时出现负超差。

故障现象　使用图示仪校准仪对图示仪进行校准，发现 X、Y 轴偏转因数所有挡位均为负误差，调整 X、Y 轴分别对应的增益电位器 1W1、1W2，其误差值基本不变。

故障分析　X、Y 轴偏转因数同时出现负超差，当然 X、Y 轴放大器有可能同时出现放大量不足的情况，但这种可能性较小。此时应先考虑故障是否在外围电路。着重检查校准电压、各个低压供电电源、高压电源数值是否正确。若无异常，再返回分别检查 X、Y 轴放大器，查找故障点。检查发现校准电压、各个低压供电电源数值正常，示波管高压数值（应为+1500V）偏大，经分析这就是故障所在。因为示波管高压偏大，造成电子束射向示波管荧屏时上下、左右偏移发生困难，位移量不够，导致 X、Y 轴偏转因数同时出现负超差现象。

解决方法　将可测高压的数字式万用表接入+1500V 高压输出端，用无感螺丝刀细调高压调整电位器 W1（参见完整电路图），使高压输出值为+1500V。使用图示仪校准仪对图示仪 X、Y 轴偏转因数重新校准，调节增益电位器 1W1、1W2，使 X、Y 轴偏转因数所有挡位误差不超过±3%。

同理，若 X、Y 轴偏转因数同时出现正超差现象，也可参照上述方法分析、解决。

【故障三】　光迹在 X 轴向时有漂移现象。

故障现象　图示仪在使用一段时间后，光迹在 X 轴向有轻微的漂移，会造成使用的不便及测试参数的误判断。

故障分析　X 轴向光迹的漂移由以下原因造成：

（1）直流电源不稳定。

（2）X 轴挡位波段开关触点之间、电路板和插座之间接触不良。

（3）X 轴放大器个别元器件热稳定性差。

（4）电容 C7、C8、C9、C10 漏电。

解决方法 解决仪器出现时好时坏的软故障非常麻烦。正确的策略是：先易后难，按照以上列出的 4 个故障原因依次检查排除。首先仔细检查 X 轴放大器供电电源±15V、±100V；测试数据均正常，随后检查发现电路板和插座的接触良好、波段开关上的固定电阻无虚焊现象，但波段开关的换挡触点有沾污、氧化现象。随即切断仪器电源，使用金属复活剂对波段开关触点均匀喷洒、反复转动多次，1h 后重新开机。仪器经过长时间工作，未再出现光迹漂移现象。

以上三种故障现象的分析、解决方法对不同型号的晶体管图示仪同样具有参考、借鉴作用。

项目核心内容小结

（1）晶体管特性图示仪是一种能够直接在示波管上显示各种晶体管特性曲线的专用测试仪器，通过屏幕上的标度尺刻度可直接读出晶体管的各项参数。

（2）晶体管特性图示仪主要由集电极扫描发生器、基极阶梯发生器、同步脉冲发生器、X 轴电压放大器、Y 轴电流放大器、示波管、电源和各种操作按钮等组成。

（3）晶体管特性图示仪在使用前需调整和检查：放大器的对称性、放大器的增益、阶梯信号等。

逻辑笔的使用与维护

项目八

项目说明

逻辑笔又称为逻辑探针，是目前在数字电路测试中使用最为广泛的一种工具。它虽然不能处理像逻辑分析仪所能做的复杂工作，但对检测数字电路中各点电平十分有效。一般情况下，借助逻辑笔可以很快地将待测电路中 90%以上的故障芯片找出来。由于逻辑笔能够及时地将被测点的逻辑状态显示出来，同时可以存储脉冲信号，因此成为计算机检修过程中一种不可缺少的检修工具。

项目要求

（1）了解逻辑笔测量的基本原理。

（2）知道逻辑笔的基本组成。

（3）能够正确使用逻辑笔。

（4）会用逻辑笔测量数字电路及排除故障。

项目计划

时间：2 课时。

地点：电子工艺实训室、计算机维修部。

项目实施

（1）走访计算机维修人员，了解逻辑笔在计算机维修中的作用。

（2）组间交流走访的结果及心得。

（3）结合实训任务，练习使用逻辑笔。

任务　逻辑笔的正确使用与维护

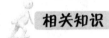

工作任务

（1）了解 LP 系列逻辑笔的功能和基本原理。

（2）利用 LP 系列逻辑笔测量数字电路的逻辑状态。

相关知识

一、数字系统的简易测试

对于一个有故障的数字系统，首先要判断其逻辑功能是否正常，其次确定故障的位置，最后分析故障的原因，这个过程称为故障诊断。要实现故障诊断，通常在被测器件的输入端加上一定的测试序列信号，然后观察整个输出序列信号，将观察到的输出序列与预期的输出序列进行比较，从而获得诊断信息，如图 8-1 所示。

图 8-1　数字系统的测试系统

数字信号源、被测数字系统、数据域测量仪器合称为数字系统的测试系统。目前，常用的数据与测量的仪器有逻辑笔、逻辑夹、数字信号源、逻辑分析仪、特征分析仪等。上述测试仪器中，逻辑笔是最简单、最直观的测试仪器，它结构简单、使用方便，特别适合测试一般门电路和触发器的逻辑关系。

二、逻辑笔及其功能

逻辑笔是采用不同颜色的指示灯或数码管指示数字电平高低的仪器，它主要用来判断信号的稳定电平、单个脉冲或低速脉冲序列，使用逻辑笔可快速检测出数字电路中有故障的芯片。

在实际工作中，逻辑笔主要用于测试电路板上的逻辑电位或主板上的高低电位，是一种新颖的测试工具。它能代替示波器、万用表等测试工具，通过转换开关，对 TTL、CMOS、DTL 等数字集成电路构成的各种电子仪器设备（电子计算机、程序控制、数字控制、群控装置）进行检测、调试与维修使用。逻辑笔的外形结构如图 8-2 所示。

1. LP 系列逻辑测试笔的功能

逻辑笔的型号较多，但功能大体相同。LP 系列逻辑测试笔是其中使用较为广泛的一类。它具有质量轻、体积小、使用灵活、清晰直观、判别迅速准确、携带方便等优点。LP 系列逻辑测试笔的外形如图 8-3 所示。

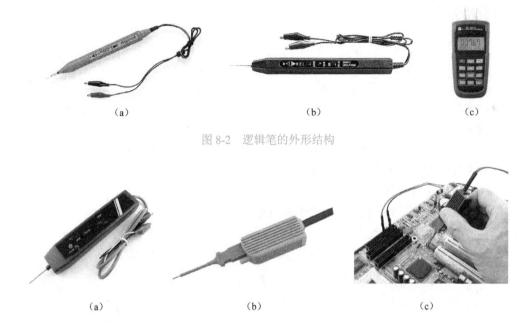

（a）　　　　　　　　　（b）　　　　　　　　　（c）

图 8-2　逻辑笔的外形结构

（a）　　　　　　　　　（b）　　　　　　　　　（c）

图 8-3　LP 系列逻辑测试笔

1）LP 系列逻辑笔测量 TTL 电平的逻辑和脉冲信号

LP 系列逻辑笔用于测量 TTL 电平的逻辑和脉冲信号，其测量带宽达到 200MHz，并以 10Hz、100Hz、1kHz、10kHz、100kHz、1MHz、10MHz、100MHz 为分界指示出被测信号的频率，其独特的九段频率声光指示器清晰易记、非常实用。

（1）LED 指示。LP 系列的 LED 指示灯具有红、蓝、绿三种颜色。其中，蓝色表示被测信号为低电平，频率在 Hz 量级频段；绿色表示被测点处于高阻抗状态（悬空状态），频率在 kHz 量级频段；红色表示被测信号为高电平，频率在 MHz 量级频段。

LP 系列的 LED 指示灯还具有三种闪烁速率。LED 状态指示/信号频率指示表如表 8-1 所示。低速闪烁（每秒一次）表示被测信号频率为数个量级，中速闪烁（每秒二次）表示被测信号频率为数十量级，高速闪烁（每秒四次）表示被测信号频率为数百量级。

表 8-1　LED—脉冲信号频率指示一览表

LED	红　灯	绿　灯	蓝　灯
高速闪烁（4Hz）	≥100MHz	100～999kHz	100～999Hz
中速闪烁（2Hz）	10～99MHz	10～99kHz	10～99Hz
低速闪烁（1Hz）	1～9MHz	1～9kHz	1～9Hz

（2）蜂鸣器声音。LP 系列的蜂鸣器具有三种音调和三种通断速率。低音表示被测信号频率在 Hz 量级频段，中音表示在 kHz 量级频段，高音表示在 MHz 量级频段。

LP 系列的蜂鸣器低速通断（每秒一次）表示被测信号频率为数个量级，中速通断（每秒二次）表示被测信号频率为数十量级，高速通断（每秒四次）表示被测信号频率为数百量级。逻辑笔蜂鸣器声音/脉冲信号频率指示如表 8-2 所示。LP 系列的蜂鸣器带有开关，可以满足静音需求。

表 8-2　蜂鸣器声音—脉冲信号频率指示一览表

蜂鸣器声音	高音调	中音调	低音调
高速通断（4Hz）	≥100MHz	100～999kHz	100～999Hz
中速通断（2Hz）	10～99MHz	10～99kHz	10～99Hz
低速通断（1Hz）	1～9MHz	1～9kHz	1～9Hz

此外，LP 系列还能够捕捉单个脉冲信号，它具有不会丢失的全时监视能力，其 LED 指示灯和蜂鸣器都会对单个脉冲做出反应。

2）LP 系列逻辑笔测量状态信号

除了测量脉冲信号外，LP 系列逻辑笔在测量状态信号时也具有独到功能：它能分辨出被测信号的高阻抗状态（悬空状态）。LED 指示灯为红色，表示被测信号是高电平，蓝色表示是低电平，而绿色则表示被测点处于高阻抗状态，如表 8-3 所示。

表 8-3　LED—电平信号状态指示一览表

LED 指示	红灯恒亮	绿灯恒亮	蓝灯恒亮
电平信号状态	高电平	高阻抗（悬空）	低电平

LP 系列逻辑笔在测量状态信号时，在高电平时蜂鸣器发出中音，低电平时蜂鸣器发出低音，而高阻抗状态时蜂鸣器是静默的，如表 8-4 所示。

表 8-4　蜂鸣器声音—电平信号状态指示一览表

蜂鸣器声音	持续中音调	无声	持续低音调
信号状态	高电平	高阻抗（悬空）	低电平

3）逻辑笔的记忆功能

为了便于记录下被测点的状态，部分逻辑笔还具有记忆功能。例如，当测试某点为高电平时，红灯点亮，如果此时将逻辑笔移开测试点，红灯仍继续亮。当不需要记录此状态时，可扳动逻辑笔上的存储开关使其复位。

4）其他功能

在机械工程方面，LP 系列逻辑笔也有独到之处，它配备了独特的精密防颤测试探针，能够点测非常微小的电路，并可以消除人手抖动造成的干扰。另外，LP 系列的信号和电源均采用“0.64mm PIN”标准插接接口，可以与多种夹具连接，如它的信号输入端子可以直接安装精密测试夹，整体钳夹住 SMD 元件的引脚进行长时间测量。

LP 系列逻辑笔的保护功能非常完善，它的输入端子可以耐受 8000V 静电冲击和±60V 电源冲击，LP 系列可以使用 4～16V 的直流电源供电，它的电源端子可以耐受 2000V 静电冲击，并且具备电源接反保护特性。除此之外，LP 系列的内部还带有过热保护系统。

2. LP 系列逻辑笔主要性能指标

输入信号电平：TTL/CMOS。

输入电压范围：−0.5～＋6.0V。

输入频率范围：0Hz～200MHz（LP-200）。

最小脉冲宽度：2.5 ns（LP-200）。

输入阻抗：100kΩ/10pF。

最高输入电压：±60V。

输入信号接口：标准 0.64mm 插孔，可选装防颤测试探头和各种测试夹具。

LED 指示灯：三种颜色，三种闪烁速率，闪动表示有脉冲信号（九挡频率指示），恒亮表示无脉冲信号（三挡状态指示）。

蜂鸣器：三种音调，三种通断速率，断续鸣响表示有脉冲信号（九挡频率指示），持续鸣响表示无脉冲信号（三挡状态指示）。

操作电源：4～16V DC/100mA。

外形体积：47mm×14mm×19mm（长×宽×高）。

保护性能：输入端子可耐受 8000V 静电冲击和±60V 电源冲击。电源端子可耐受 2000V 静电冲击和±20V 电源冲击，具有电源接反保护特性。

环境温度：−20℃～+50℃。

环境相对湿度：<99%。

三、逻辑笔的基本原理

1. 逻辑笔的结构框图

逻辑笔的结构框图如图 8-4 所示。由图可知，逻辑笔主要由输入保护电路，高、低电平比较器，高、低电平扩展电路，指示驱动电路以及高、低电平指示电路五部分组成。

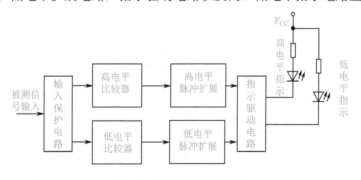

图 8-4　逻辑笔的结构框图

2. 逻辑笔的工作原理

如图 8-4 所示，被测信号由探针接入，经过输入保护电路后同时加到高、低电平比较器，然后将比较结果分别加到高、低脉冲扩展电路进行展宽，以保证测量单个窄脉冲时也能将指示灯点亮足够长的时间，这样，即使频率高达 50MHz、宽度最小至 10ns 的窄脉冲也能被检测到。展宽电路的另一个作用是通过高、低电平展宽电路的互换，使电平测试电路在一段时间内指示某一确定的电平，从而只有一种颜色的指示灯亮。保护电路则是用来防止输入信号电平过高时损坏检测电路。

四、逻辑笔的使用方法

逻辑笔的电源取自于被测电路。测试时，将逻辑笔的电源夹子夹到被测电路的任一电源点，另一个夹子夹到被测电路的公共接地端，根据逻辑笔 LED 指示灯的发光情况和蜂鸣器的声音，即可判断该点的逻辑状态。逻辑笔与被测电路的连接除了可以为逻辑笔提供接地外，还能改善电路灵敏度及提高被测电路的抗干扰能力。

 实战演练与考核

简易四路抢答器的测试

实 训 准 备	
实训目的	①掌握逻辑笔的使用方法。 ②学会用逻辑笔对电路中的测试点进行测试
实训器材	直流稳压电源、逻辑笔、万用表 1 块、74LS04 一片、74LS20 两片、发光二极管 4 只、5.1kΩ 电阻 4 个、510Ω 电阻 4 个、按钮开关 4 个、面包板一块、导线若干

<table>
<tr><td colspan="2" align="center">实 训 过 程</td></tr>
<tr><td rowspan="2">操作步骤</td><td>1. 实训电路组装：按下图组装抢答器
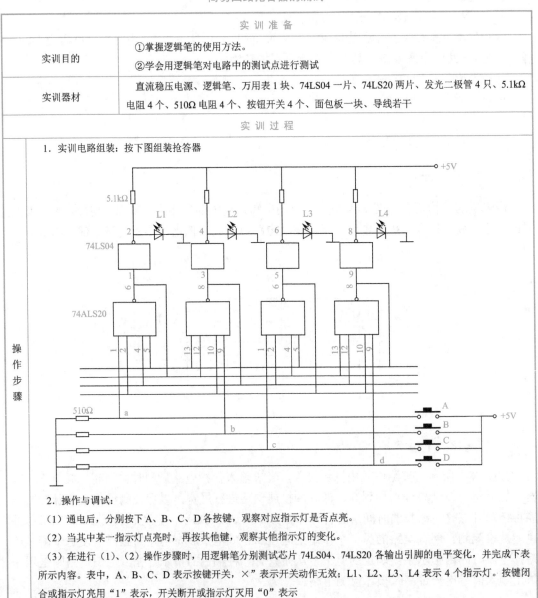</td></tr>
<tr><td>2. 操作与调试：
（1）通电后，分别按下 A、B、C、D 各按键，观察对应指示灯是否点亮。
（2）当其中某一指示灯点亮时，再按其他键，观察其他指示灯的变化。
（3）在进行（1）、（2）操作步骤时，用逻辑笔分别测试芯片 74LS04、74LS20 各输出引脚的电平变化，并完成下表所示内容。表中，A、B、C、D 表示按键开关，"×"表示开关动作无效；L1、L2、L3、L4 表示 4 个指示灯。按键闭合或指示灯亮用"1"表示，开关断开或指示灯灭用"0"表示</td></tr>
</table>

续表

实 训 过 程												

<table>
<tr><td rowspan="6">数据记录</td><td colspan="4">按键开关状态</td><td colspan="4">74LS04（输出）</td><td colspan="4">74LS20（输出）</td></tr>
<tr><td>A</td><td>B</td><td>C</td><td>D</td><td>1</td><td>2</td><td>3</td><td>4</td><td>1</td><td>2</td><td>3</td><td>4</td></tr>
<tr><td></td><td></td><td></td><td></td><td></td><td></td><td></td><td></td><td></td><td></td><td></td><td></td></tr>
<tr><td></td><td></td><td></td><td></td><td></td><td></td><td></td><td></td><td></td><td></td><td></td><td></td></tr>
<tr><td></td><td></td><td></td><td></td><td></td><td></td><td></td><td></td><td></td><td></td><td></td><td></td></tr>
<tr><td></td><td></td><td></td><td></td><td></td><td></td><td></td><td></td><td></td><td></td><td></td><td></td></tr>
</table>

实训小结	

 项目评价

序　号	考 核 内 容	评 分 标 准	配　分	得　分
1	电路连接	①实验电路连接不正确扣20分 ②电路功能不正常扣10分	30	
2	逻辑笔的使用方法	信号测量的方法不正确扣40分	40	
3	数据分析能力	根据输出电平判断抢答器功能是否正常，功能不正常的扣20分	20	
4	处理故障和解决问题的能力	能够及时发现和解决问题	10	

项目核心内容小结

　　逻辑笔是对数字系统进行测试时最简单、最直观的测试仪器，熟练掌握利用逻辑笔对电路板上的逻辑电位或主板上的高低电位进行测试，并进一步判断其工作状态是否正常的方法，对于数字电路、数字仪表的检测、维修极为重要。

综合实训

项目说明

　　本项目涵盖了稳压电源、万用表、示波器、信号发生器、数字频率计、晶体管毫伏表、晶体管特性图示仪七种仪器仪表的使用方法，是对前八个学习项目学习效果的一次综合性检查，希望通过此项目的训练，使读者及时发现自己在仪器仪表使用方面存在的问题并加以弥补，在利用这些仪器仪表对具体电路测试的过程中，加深对各种仪器仪表使用方法的认识，从而掌握合理选择并运用相关仪器仪表为电路分析及解决电路实际问题服务的本领。

项目要求

　　（1）进一步加深对各种仪器仪表使用方法的理解，对自身存在的问题及时更正和弥补；加强对常用仪器仪表使用的注意事项的认识，为人身安全和进一步地开展实践活动打下良好的基础。

　　（2）学会利用仪器仪表测试元件参数及电路参数的方法。

　　（3）对给定电路，能够合理地选择和使用仪器仪表为测量服务。

项目计划

　　时间：4课时。

　　地点：电子工艺实训室。

项目实施

　　（1）以组为单位，根据实训任务的要求设计本组测试方案。

　　（2）对各组的测试方案进行交流讨论，指出设计方案中存在的问题与不足，并提出改进意见和建议。

　　（3）按照改进后的测试方案进行测试。

　　（4）教师对学生的测试方案、操作技巧加以指导、点评。

　　（5）各组结合综合实训项目，就如何合理选择测量仪器、测量方式等问题进行总结和交流。

工作任务

（1）正确使用万用表和晶体管特性图示仪测量元器件参数。

（2）使用稳压电源向给定电路提供电能，运用函数信号发生器向电路输送信号，用示波器观察信号。

（3）合理利用毫伏表、频率计、示波器、万用表等仪器测量电路参数，根据这些参数研究电路的性能。

（4）就如何合理选择测量仪器、测量方式进行总结。

相关知识

在实际电子线路和产品的检测中，经常要使用到电子仪器。要正确地使用仪器，必须了解合理选择仪器以及仪器使用中的一般规则和常识。在实践中，偶尔不遵守这些规则，也许并不一定会导致明显的错误或严重的后果，因此往往使得人们误认为这些测量中的规则或常识似乎不是那么严格或那么有用，尤其是对于实践经验不足的人更是如此。然而，这种"偶尔为之"的违规会在某些场合或某些情况下造成明显的偏差，也会因此铸成大错。尽管测量电路时选择的仪器、确定的测量方案是不唯一的，但严格按照仪器的使用说明进行规范操作是首先要考虑的。

一、仪器使用常识

1. 关于仪器的阻抗

作为信号源一类的仪器，其输出阻抗都是很低的，通信系列的仪器（如高频信号发生器等）典型值是 50Ω，电视系列的仪器典型值是 75Ω（如扫频仪的扫频输出端或电视信号发生器的射频输出端）。虽然有的低频信号发生器也有几百欧姆输出阻抗的输出端子，但是作为电压输出的端子，其输出阻抗一般不会超过 $1k\Omega$（低频信号发生器的功率输出端子除外）。之所以信号源的输出阻抗一般都做得很低，是因为信号源是产生信号的，在测量过程中，它是要将自己的信号耦合到被测电路上的，将信号源的阻抗做得很低，就很容易将信号源产生的信号耦合到输入阻抗较高的被测电路上。另外，对于高频测量，由于通信设备和电视设备一般射频输入端的阻抗是 50Ω 和 75Ω，因此将仪器的输出阻抗设定在 50Ω 和 75Ω，在测量过程中，就可以满足所要求的阻抗匹配。

一般情况下，低频测量中并不是非要阻抗匹配不可。大多数情况是被测电路的输入阻抗比信号源的输出阻抗大得多，对信号源而言，往往可等效为开路输出（即空载）。而在高频情况下，则必须要保证阻抗的匹配，否则受反射波的影响，馈线长度会使耦合到被测电路上的信号幅度发生改变，从而使信号源上的指示值与耦合到被测电路输入端的实际信号幅度不一致，使测量结果产生较大误差。当测量频率上升到几十兆赫乃至上百兆赫时，这种影响就会变得更加显著。

例如，对于扫频仪，当进行"零分贝校正"时，如果阻抗不匹配，则在频率较低的频段，屏幕上的扫描线是直的（不是指基线），但是在较高频率的频段，扫描线就会变得起伏不平，尤其对于宽频带测量，会带来更大的误差。

另外，信号源耦合到被测电路上的信号幅度在匹配和非匹配状态下是不同的，仪器面板上所指示的输出幅度一般要么是空载输出的幅度，要么是匹配输出的幅度，这可通过仪器使用说明或实测来确定。如果被测电路的输入阻抗不是比信号源输出阻抗大得多，也不与信号源的输出阻抗相匹配，则不可以通过信号源的面板指示来确定耦合到被测电路上的信号幅度，而要通过实测确定。

作为电压表（如晶体管毫伏表）或示波器一类的从被测电路上取得信号来测量的仪器，一般的输入阻抗都较高，典型值为 1MΩ，有的（如示波器）还标有输入电容（如 25pF）。之所以它们的阻抗要做得较高，是因为这样可以使得它们对被测电路的影响较小。但是，当被测电路的输出阻抗大到与它们的输入阻抗相比拟时，则仪器的输入阻抗对被测电路的影响就变得显著了，这时测量结果往往就不准确了（这一点往往容易被初学者所忽略）。

对于仪器的输入电容来说，在低频情况下对测量没有什么大的影响。但是在高频情况下，有时就得小心。例如，用示波器直接测量一个没有经过缓冲的振荡器，由于示波器输入端的电容直接并联在被测振荡器上，就会对振荡器的工作有影响，所得到的测量结果也就不准确。

2．避免仪器的损坏

在仪器的使用中，不正确的操作可能造成对仪器的损坏，而且，这种情况的发生有时似乎是莫名其妙的。对于信号源一类的仪器，不能随便将其输出端短路。尽管对于信号源的电压输出端子来说，将其输出端短路一般并不会损坏仪器，但是也应该养成不随便将输出端短路的习惯。

对于实验室里使用的直流稳压电源，一般都具有保护电路，短时间的短路通常并不会损坏仪器。但是，即使没有损坏，由于短路时稳压电源内部处于一种高功耗状态，时间长了也可能受不了，尤其是散热不良时更是如此。而对于功率输出的信号源或信号源的功率输出端子，更不能将其输出端短路，否则就意味着仪器的损坏。在使用中，不仅不能将其输出端短路，而且，也不应该过载使用（即被测电路的阻抗过低）。

对于毫伏表或示波器一类的仪器，要注意耦合到其输入端上的电压不可超过其最大允许值。这类仪器一般并不会因此而损坏，因为它们的输入端的最大允许值往往较大，很少有耦合到其输入端的电压达到超过其输入端最大允许值的情况。但是对于频率计就不同了，很多频率计能够工作在 1000MHz 的频率上，而为了达到这么宽的频率范围，其前级电路放大器中所使用的管子必须是高频小功率管，它的耐压值不大，而由于某种原因要工作在如此高的频率上，故不容易在其输入端设置保护电路（这会导致其工作频率下降），因此只要在其输入端馈入稍大的电压（如 10V 左右，甚至更低），就极易导致前级电路中管子的损坏，从而造成仪器的损坏。

3．仪器外壳的接地

有许多仪器是金属外壳，由于金属外壳本身就是一个导体，而且由于它往往较大，所以它本身就是一个形状特殊的天线，容易接收空间的电磁干扰。通过它所接收的电磁干扰会通过各种渠道耦合到仪器的电路上，从而造成仪器的输出不纯（即造成与有用信号混在一起的杂波输出）。为了避免这种干扰，有金属外壳的仪器，一般都不得将外壳与仪器内部的地线连接起来，而仪器内部电路的地线又通过与被测电路连接的馈线与被测电路的地线相连，使得干扰被短路到地。但是，有些仪器的外壳并不与其内部电路的地线相连，如直流稳压电源，因为当将其输出电压作为正电源输出时，那么其负端应该与被测电路的地线相连；而当将其输出电压作为负电源输出时，那么其正端应该与被测电路的地线相连，这时，它的外壳就既不宜与输出端的正极相连，也不宜与负极相连，所以它往往在仪器面板上设置一个地线端子，而这个地线端子既不与输出端的正极相连，也不与负极相连，它只仅仅与外壳相连。在使用时，它应该与被测电路的地线相连。

在对整机进行测量时，往往需要同时用到许多仪器，工程上往往采用将所有的仪器的外壳都用导线连接起来的方法来防止金属仪器的外壳所引入的干扰。仪器的外壳都连接起来以后，通过仪器与被测电路相连的馈线即可将仪器外壳与被测电路的地线连接起来，从而达到屏蔽的效果。

但是，如果不将仪器的外壳与被测电路的地线相连，也不一定会对测量结果有显著的影响。这要看是大信号测量还是小信号测量。因为仪器外壳作为天线所接收到的空间电磁辐射的干扰幅度毕竟很小，当被测电路输入端的信号幅度较大时（如几十或几百毫伏或更大），由仪器外壳所引入的干扰就小得可以忽略不计，这时对测量结果就没有什么影响。但是，当被测电路输入端的信号幅度很小时，则干扰的影响就变得显著了，此时测量结果就会不准确。

4. 探头与馈线

每个仪器都有自己的探头或馈线。有的仪器的探头里含有某种电路（如衰减器、检波器等），这种仪器探头一般不能与别的仪器的探头互换。在低频测量中，探头或馈线的使用不那么严格，但在高频测量中，探头或馈线的使用就要严格得多。首先是匹配问题。例如，扫频仪的扫频输出端的馈线有两种：一种是没有匹配电阻的，另一种则是有匹配电阻的。使用时要根据被测电路输入阻抗来确定用什么馈线。对任何仪器，在高频测量中都不能用任意的两根导线来代替匹配电缆的使用。另外，有的馈线或探头针较短，这是因为高频测量中不能使得探头的探针过长，否则会影响测量结果，故不可随意加长探头。但在低频测量中（如 1MHz 以内），探头加长一些对测量结果的影响不大。

在稳压电源的使用中，其馈线就是一般的导线。但是，如果用稳压电源为高频电路供电，由于较长的导线在高频上呈现出较大的感抗，这就会导致电源内阻增加（稳压电源的高频内阻本来就比低频内阻大得多，其内阻指标是指低频内阻），为了降低馈线对电源的实际内阻的影响，往往需要在被测电路的电源端并联上去耦的小容量电容。这对于要求稍高的电路（如较高频率稳定度的振荡器）是必需的。

二、仪器的使用注意事项

在具体实践活动中，经常要涉及多种电子仪器的综合使用。此时应按照信号流向，以连线简捷、调节顺手、观察与读数方便等原则进行等合理布局，各仪器与被测电路之间的布局与连接方法可简化为如图 9-1 所示。在连接电路线时应特别注意：各仪器之间的公共接地端应连接在一起，技术上通称共地，以防止外界的干扰。

（1）信号源和交流毫伏表的引线通常用屏蔽线或专用电缆线（常用无信号衰减的同轴电缆）。

（2）示波器与被测电路的输入/输出端的接线使用专用电缆线，可根据检测电路信号的频率、输入/输出端的阻抗大小等因素进行选择。

（3）直流电源的接线一般采用普通导线。

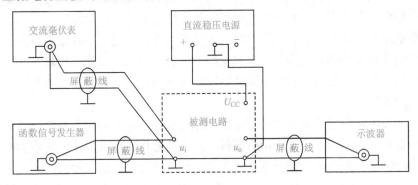

图 9-1　基本电子测量系统布局图

 实战演练与考核

1. 实训注意事项

实训前，必须熟练掌握各种仪器的使用方法及使用注意事项，严格遵守操作规范。

为确保人身安全和仪器安全，防止事故和故障发生，提高设备的使用寿命，实训前及实训过程中还应注意表 9-1 所示的事项。

表9-1　注意事项

内　容	要　求	备　注
开机前	①检查仪器设备的工作电压与电源电压是否相符。 ②检查仪器面板上各种开关、旋钮、接线柱、插孔等是否松动或滑位，如果发生这些现象应加以紧固或整位，以防止因此而牵断仪表内部连线，甚至造成断开、短路以及接触不良等人为故障。 ③检查电子仪器的接"地"情况是否良好。这关系到测量的稳定性、可靠性和人身安全等重要问题	
开机时	①应使仪器预热 5～10min，待仪器稳定后再行使用。 ②应注意观察仪器的工作情况，即眼看、耳听、鼻嗅以及检查有无不正常现象。如果发现仪器内部有响声、臭味、冒烟等异常现象，应立即切断电源。在尚未查明原因之前，应禁止再次开机通电，以免扩大故障。	

续表

内　容	要　求	备　注
开机时	③若发现仪器的熔断器烧断，应调换相同容量的熔断器，如果第二次开机通电又烧断熔断器，应立即检查，不应再调换熔断器进行第三次通电，更不要随便加大熔断器的容量，否则会导致仪器内部故障扩大，甚至会烧坏电源变压器或其他元件。 ④对于内部有通风设备的电子仪器，在开机通电后，应注意仪器内部电风扇是否运转正常。如果发现电风扇有碰片声或旋转缓慢甚至停转，应立即切断电源进行检修，否则通电时间久了，将会使仪器工作温度过高，烧坏电风扇和其他电路器件	
使用中	①对于面板上各种旋钮、开关的作用及正确使用方法，必须予以了解。对旋钮、开关的扳动和调节动作，应缓慢稳妥，不可猛扳猛转。当遇到转动困难时，不能硬扳硬转，以免造成松动、滑位、断裂等人为故障。此时应切断电源进行检修。对于输出、输入电缆的插接或取离应握住套管，不应直接拉扯电缆线，以免拉断内部导线。 ②对于消耗电功率较大的电子仪器，在使用过程中切断电源后，不能再次立即开机使用，一般应等待仪器冷却 5～10min 后再开机。否则，可能会引起熔断器烧断。 ③信号发生器的输出，不应直接连到直流电压的电路上，以免电流注入仪器的低阻抗输入衰减器，烧坏衰减器电阻元件。必要时，应串联一个相应工作电压和适当容量的耦合电容器后，再引入信号到测试电路上。 ④进行测试工作时，应先连接"低电位"端（即地线），然后再连接"高电位"端。反之测试完毕先拆除"高电位"端，后拆除"低电位"端。否则，会导致仪器超过负荷，甚至打坏仪表指针。 ⑤注意各仪器的使用范围，切不可超量程范围工作。 ⑥使用万用表时，一定要注意交、直流挡的切换。直流测量时要注意正负极性，交流测试时要注意共地。测量电阻时，每换一次量程要注意重新调零	
使用后	①万用表一定要置于交流电压挡或关断，以防损坏。其他应先切断仪器电源开关，然后取下电源插线。应禁止仅拔掉电源线而不关断仪器电源开关的不良做法，也应反对只关断仪器电源开关而不拔掉电源线的习惯。 ②应将使用过程中暂时取离或替换的零附件（如接线柱、插件等）整理并复位，以免散失或错配而影响以后使用。必要时应将仪器加罩，以免沾积灰尘	

2．电子仪器的防漏电检查

电子仪器在使用过程中应防止仪器漏电。因为电子仪器大都采用市电供电，因此防漏电是关系到安全使用的重要措施。特别是对于采用双芯电源插头而仪器机壳又没有接地措施的仪器，如果仪器内部电源变压器的初级绕组对机壳之间严重漏电，仪器机壳与地面之间就可能会有相当大的交流电压（100～200V），当人手碰到仪器外壳时，就会产生麻电感，甚至会发生触电的人身事故。因此，对仪器进行漏电程度检查是必要的，也是必须的。

【检查方法】

（1）在不通电情况下，将仪器电源开关扳到"通"位置，用兆欧表检查仪器电源插头（火线）对机壳之间的绝缘是否符合要求，一般规定，电气用具的最小允许绝缘电阻不得低于 500kΩ，否则应禁止使用，进行检修。

（2）没有兆欧表时，在预先采取防电措施的条件下，将仪器接通交流电源，然后用万用表 250V 交流电压挡进行漏电检查，将万用表的一个表笔接到被测仪器的机壳或"地"

线接线柱点，另一表笔分别接到双孔电源插座孔内，若两次测量结果无电压指示或指示电压很小，则无漏电现象；如果有一次表笔接到火线端，电压指示值大于 50V，表明被测仪器漏电程度超过允许安全值，应禁止使用，并进行检修。

　　需要注意的是：由于仪器内部电源变压器的静电感应作用，有的电子仪器的机壳对"地"线间会有相当大的交流感应电压，某些电子仪器的电源变压器初级采用了电容平衡式高频滤波电路，它的机壳对"地"线之间也会有 110V 左右的交流电压，但上述机壳电压都没有负荷能力。如果使用内阻较小的低量程电压表测量，其电压值就会下降到很小。

实训任务 1　移相电路的测试

一、实训仪器

（1）万用表（MF—47 指针式或 DT—830B 数字式）。

（2）双踪示波器（MOS—620CH）。

（3）函数信号发生器（YB1602）。

（4）频率计（HC—F1000L）。

（5）毫伏表（JY—16）。

（6）元件（0.01μF 电容一个，10kΩ 电阻一个）。

二、实训电路

电路图如图 9-2 所示。

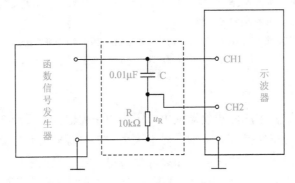

图 9-2　实训任务一电路图

三、实训内容及步骤

　　（1）按要求调试和校正示波器，开机预热 5min 后，测试示波器机内校正信号读取数值，填入表 9-2 中。

表 9-2 示波器数值

	标 准 值	实 测 值
幅度 U_{p-p}/V		
频率 $f_{(kHz)}$		

（2）用示波器和毫伏表测量信号参数。调节函数信号发生器，使其输出频率分别为 100Hz、1kHz、10kHz、100kHz，有效值均为 1V 的正弦波信号。用示波器、毫伏表、频率计测量信号源的输出电压频率及峰-峰值，记入表 9-3 中。

表 9-3 示波器、毫伏表、频率计测量信号参数

信号电压频率	频率计测量值	示波器测量值		信号电压毫伏表读数/V	示波器测量值	
		周期/ms	频率/Hz		峰-峰值/V	有效值/V
100Hz						
1kHz						
10kHz						
100kHz						

（3）用万用表检测元件，记录结果：

①电阻标称值为_____，测量值为_____。

②电容器质量如何？_____

（4）按要求连接电路，如图 9-2 所示。

（5）电路测试——用双踪模式显示并测量两波形间相位差。

①将函数信号发生器的输出电压调至频率为 1kHz，幅值为 2V 的正弦波，经 RC 移相网络获得频率相同但相位不同的两路信号分别加到双踪示波器的 CH1 和 CH2 输入端。调整示波器，使荧光屏上交替显示两路信号波形。

②将通道 1 和通道 2 的输入信号耦合选择开关置"GND"挡位，调节两通道的垂直位置调节旋钮，使两条扫描基线重合。

③将两通道的输入信号耦合选择开关置"AC"挡位，调整示波器相关旋钮，使荧屏上显示出易于观察的两个相位不同的正弦波形，如图 9-3 所示。根据两波形在水平方向差距 X 及信号周期 X_T，则可求得两波形相位差。

两波形相位差

$$\theta = \frac{X(\text{div})}{X_T(\text{div})} \times 360°$$

式中　X_T——一周期所占格数；

　　　X——两波形在 X 轴方向差距格数。

将测量数据及计算结果填入表 9-4 中。

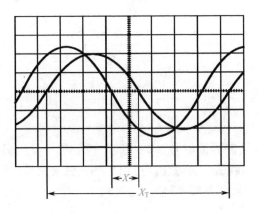

图 9-3　双踪示波器显示两相位不同的正弦波

表 9-4　相位差测量记录表

一周期格数	两波形 X 轴差距格数	相位差
$X_T=$	$X=$	$\theta=$

为读数方便，可适当调节示波器相关旋钮，使波形一周期占整数格。

四、实训报告

（1）整理实验数据，并进行分析。

（2）如何操作示波器相关旋钮，从而在示波器荧光屏上可观察到稳定、清晰的波形？

（3）函数信号发生器有哪几种输出波形？它的输出端能否短接？若用屏蔽线作为输出引线，则屏蔽层一端应该接在哪个接线柱上？

（4）交流毫伏表是用来测量正弦波电压还是非正弦波电压？它的表头指示值是被测信号的什么数值？它是否可以用来测量直流电压的大小？

（5）简要说明万用表和频率计在使用时应注意哪些方面？

实训任务 2　单级共射放大电路的测试

一、实训仪器

（1）直流稳压电源（DH1716）。

（2）万用表（MF—47 指针式或 DT—830B 数字式）。

（3）双踪示波器（MOS—620CH）。

（4）函数信号发生器（YB1602）。

（5）频率计（HC—F1000L）。

（6）毫伏表（JY—16）。

（7）晶体管特性测试仪（XJ4810）。

（8）实训电路相关元器件一套（元件参数见图 9-4）。

二、实训电路

电路如图 9-4 所示。

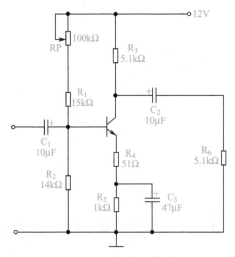

图 9-4　实训任务二电路图

三、实训内容及步骤

1. 元件检测

使用仪器：万用表，晶体管特性测试仪。

测试注意事项：

（1）万用表是否调零（包括机械调零和电阻挡位调零）_____。

（2）晶体管特性测试仪是否已检查和校正完毕_____保护地线是否接好_____。

测试步骤：

（1）用晶体管特性测试仪测试三极管，测出三极管的电流放大倍数及击穿电压。

（2）将晶体管特性测试仪上显示的三极管输入/输出特性曲线绘制出来。

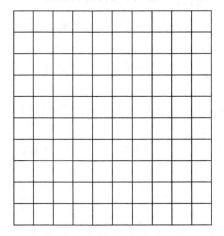

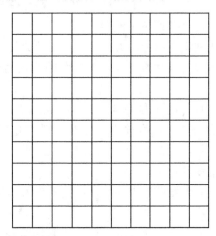

三极管的电流放大倍数为_____，击穿电压是_____。

（3）用万用表测量各电阻阻值，并检测各电容器的质量，将结果填入表9-5、表9-6中。

表9-5　测试结果（1）

电　阻	标　称　值	测　量　值	电　阻	标　称　值	测　量　值
R_1			R_4		
R_2			R_5		
R_3			R_6		

表9-6　测试结果（2）

电容器	标称值	质量判别	电容器	标称值	质量判别	电容器	标称值	质量判别
C_1			C_2			C_3		

2. 电路连接及测试

使用仪器：直流稳压电源，函数信号发生器，示波器，毫伏表，万用表。

注意事项：

（1）组装电路时，要注意分清三极管的三个电极。

（2）组装好电路，经检查无误后方可打开电源开关。

（3）本实训器件较多，连接导线接点较多，组装时应注意是否接触可靠，以免造成电路故障，影响测试。

（4）由于信号发生器有内阻，而放大电路的输入电阻不是无穷大，测量放大电路输入信号时，应将放大电路与信号发生器连接上后再进行测量，避免造成误差。

测试步骤：

（1）检查并调试直流稳压电源，使之输出12V的直流电压。

（2）按实训电路图连接电路。检查无误后，接通预先调整好的直流电源。

（3）将函数信号发生器检查调整完毕并预热后，接入实训电路，调节信号发生器使之输出"1kHz，30mV"的正弦交流电压。用毫伏表和频率计分别测量该信号的幅值和频率，填入表9-7中。若存在误差，则需对函数信号发生器进行校正。

（4）检查并调试示波器，预热完毕后，将实训电路的输出端接到示波器的通道1输入端口，测试输出信号。若信号失真，则调整电位器使显示波形最大且不失真。

（5）关闭信号发生器，使电路的输入信号为0，用万用表测试电路的静态工作点，填入表9-8中。

（6）打开信号发生器，向电路输入"1kHz，30mV"的正弦交流电压，用毫伏表测量电路的输入电压 U_i 和输出电压 U_o，计算电压放大倍数 $A_U=U_o/U_i$。（$A_U=$_____）

（7）将输入信号 U_i、输出信号 U_o 分别接到示波器的CH1、CH2通道上，观察两信号波形的幅度及相位。

（8）放大器通频带的测量：记下输入信号为"1kHz，30mV"，$R_L=5.1k\Omega$ 时示波器上测出的输出峰-峰电压幅值 U_{p-p}。保持输入信号的幅度不变，增大输入信号的频率，同时观察示波器上显示波形幅度的变化，当其幅度降为 U_{p-p} 的0.707倍时，记录此时信号发生器上所指的频率，此即放大电路的上限频率 f_H（f_H=_____）。同理，减小输入信号的频率（保持输入信号的幅度不变），同时观察示波器上显示波形幅度的变化，当其幅度降为 U_{p-p} 的 0.707 倍时，信号发生器上所指的频率即放大电路的下限频率 f_L（f_L=_____）。计算电路的通频带 BW（BW=_____）。

（9）调节电位器 RP，分别使其阻值增大或减小，同时观察输出波形的失真情况，分别测出其相应的静态工作点，测量方法同步骤（5），将测量结果填入表 9-9 中。

（10）根据本实训内容，总结利用各种仪器对电路参数进行分析测量的方法。根据实训结果，说明设置放大电路静态工作点的必要性。

四、实训记录

表 9-7　幅值和频率

信号源输出信号参数	1 kHz	30mV
频率计测试数值		
毫伏表测量数值		

表 9-8　电路和静态工作点

I_{BQ}	U_{BEQ}	I_{CQ}	U_{CEQ}

表 9-9　调节电位器后的静态工作点

失真类型	输出波形	静态工作点			
		I_{BQ}	U_{BEQ}	I_{CQ}	U_{CEQ}

续表

失真类型	输出波形	静态工作点			
		I_{BQ}	U_{BEQ}	I_{CQ}	U_{CEQ}

 项目评价

表一

序　号	考核内容	评分要素	配　分	得　分
1. 仪器使用（5分）	仪器使用的安全性方面	所有仪器的使用必须严格按照仪器使用规范进行操作，不得因不遵守操作规范而损坏仪器	3	
		拨动仪器面板旋钮时，用力要适当，不可用力过猛造成机械损坏	1	
		除万用表外，各电子仪器需预热后再使用，以免造成测量误差	1	
2. 元件检测（20分）	使用万用表、晶体管特性图示仪测量相关元器件的参数	万用表、晶体管特性测试仪使用正确，各元件参数测量无误	20	
3. 电路连接及测试（60）	按电路图连接电路，并用相关仪器进行测试	电路连接正确	10	
		各仪器校正到位	10	
		使用仪器熟练、操作正确，选择量程或挡位合适，测试点选择正确，所有参数测量无误	40	
4. 数据处理（10分）	按要求处理数据，根据实训内容进行简单的电路分析	数据处理正确，填写完整，图形描绘准确	5	
		能够根据实训结果进行正确的电路分析，表达准确精练	5	
5. 操作规范（5分）	安全文明操作	按国家或企业颁发有关规定进行操作，注意人身和电路的安全	5	

表二

学 生 姓 名		日期		自评	互评	师评
1．你能熟练掌握各种仪器的使用方法吗？						
2．你能按要求对电路参数进行正确的测量吗？						
3．对于给定的电路，你能根据分析问题的需要合理地选择测量仪器及电路测量的参数吗？						
4．对电路的测量结果，你会合理地分析处理吗？						
5．你能运用相关仪器独立分析电路特点或解决电路问题吗？						
学习体会　1．活动中对哪个部分最有兴趣？为什么？　2．你认为活动中哪个技能最有用？为什么？　3．你还有哪些地方存在疑问？　4．你还有哪些要求与设想？						
实训小结						

 项目核心内容小结

　　本项目中涉及稳压电源、万用表、示波器、信号发生器、数字频率计、晶体管毫伏表、晶体管特性图示仪七种仪器仪表的使用方法，是对前八个项目学习效果的一次综合性检验，在项目实施过程中项目实施者容易发现自身存在的问题，便于及时地弥补和更正。